Peter Schlötter

DAS SPIEL OHNE BALL IM UNTERNEHMEN

Kommunikation sichtbar machen und verbessern

Klett-Cotta

Klett-Cotta
www.klett-cotta.de

Printed in Germany
Schutzumschlag: Dietrich Ebert, Reutlingen
Gesetzt in der 11,25 Punkt Minion,
auf säure- und holzfreiem Werkdruckpapier gedruckt
und gebunden von Kösel, Krugzell
ISBN-13: 978-3-608-94144-9
ISBN-10: 3-608-94144-4

Bibliographische Information Der Deutschen Bibliothek
Die Deutsche Bibliothek verzeichnet diese Publikation
in der Deutschen Nationalbibliographie; detaillierte bibliographische
Daten sind im Internet über <http://dnb.ddb.de> abrufbar.

Inhalt

»Es gibt nichts Praktischeres
als eine gute Theorie«[1]
Kurt Lewin

Einleitung – Überblick

Das ›Spiel ohne Ball‹ ist die zentrale Idee, mit der der ›moderne Fußball‹ geboren wurde. Für Wirtschaftsunternehmen gibt es noch keine derartig wirkungsvolle Denkfigur, mit der die Evolution der Kommunikation im Unternehmen einen vergleichbaren Schritt vorangebracht werden könnte. Unternehmen könnten vom Fußball lernen; es gibt hilfreiche Analogien zu diesem Mannschaftssport.

Die Idee des ›Spiels ohne Ball‹ lenkt den Blick auf die Kommunikation der Spieler im Raum. Diese Fokuserweiterung bringt *ohne weiteres* eine entscheidende Kraft in das Spiel einer Mannschaft. Das neue Hinsehen genügt – dort. Ganz so einfach ist die Lösung in Wirtschaftsunternehmen nicht. Hier gibt es zwar auch viel zu erleben, aber *ohne weiteres* kann man auf *sinnfällige* Weise kaum etwas von der Kommunikation selbst *sehen*, nur gegebenenfalls ihre Ergebnisse. Dieses *Weitere* erfordert einige gedankliche Vorinvestitionen, dann aber findet man überraschend viele Lösungselemente bereits fertig vor, mit denen das ›Spiel ohne Ball‹ auch im Unternehmen in neuer Klarheit eröffnet werden kann.

Niemand würde heute ernsthaft bestreiten, daß die Qualität der Kommunikation im Unternehmen entscheidend die Wettbewerbskraft bestimmt. Aber was fängt man nun mit dieser Erkenntnis an, konkret, und über Einzelfälle hinaus, also was fängt man systematisch damit an? Es gibt Antworten auf diese Frage, sie erfordern Umdenken, aber dann werden sie in ihrem Kern wieder sehr einfach. Jedenfalls erleichtert uns das Umdenken, die Antworten zu finden und sie auch zu nutzen.

Mit der Theorie sozialer Systeme von Niklas Luhmann liegt ein gedankliches Konzept vor, mit dem man die Vorstellung von einem Unternehmen als einem diffusen Gemenge aus Personen, Dingen, Strukturen und Handlungen kritisieren und überschreiten kann.

Luhmann selbst nennt seine Texte verständnisvoll »Zumutungen für den Leser.«[2] Ich versuche in diesem Buch zu zeigen, daß einzelne Vereinfachungen dieser Theorie genügen, die vielleicht hie und da den strengen Theoretiker schmerzen mögen, die sich aber in ihren praktischen Konsequenzen als sehr hilfreich darstellen lassen. So gelangen wir zu der Idee, daß Unternehmen im wesentlichen nur aus Kommunikationsprozessen bestehen. Ausgehend von dieser Idee kann reales Geschehen im Unternehmen sensibel analysiert werden. Wir erhalten neue Handlungsoptionen und klare Entscheidungshilfen, um wichtige Themen zu bearbeiten wie beispielsweise Strategie, Führung, Konflikt, und auch die sogenannte Umsetzungsproblematik.

Das zentrale Ziel dabei ist, eine hohe Qualität der Kommunikationsprozesse im Unternehmen sicherzustellen. Mit ergebnisoffenen Verfahrensweisen der sich selbst betrachtenden Kommunikation – ich nenne sie Reentry-Kommunikation – kann man die Kommunikationsbeziehungen unter der Maßgabe von Prozessicherheit systematisch bearbeiten. Die Kommunikation bleibt nicht länger der blinde Fleck, um den man kreist wie um den heißen Brei. Es gibt bereits Verfahren, die auch die Kommunikation im Unternehmen buchstäblich sichtbar machen.

Im Laufe der letzten Jahrzehnte haben Unternehmen beachtliche Fortschritte erreicht, die sich hauptsächlich auf die Sicherung der Qualität von Dingen und Sachprozessen beziehen. Jetzt geht es darum, das Denken in Prozessen und Systemen auf Kommunikationsprozesse ausdrücklich selbst zu beziehen. Hier, im ›weichen Sektor‹ der ›Human Resources‹, schlummert noch ein großes Potential für Wirtschaftsunternehmen und eine große Herausforderung.

Ich stelle bekannte und neue kommunikative ›Tools‹ vor, die eine eingeprägte Tendenz mitbringen, die Kommunikation in effektiver Weise auf sich selbst zu beziehen. Die einfachen Skalierungen systemischen Ursprungs erhalten eine je alltagstaugliche und damit mächtige Form.

Ein besonderer Nutzen kann in Systemaufstellungen entdeckt werden, die vor kurzem wissenschaftlich verifiziert werden konnten.

Auf diesem Weg entsteht eine Streitschrift gegen die Vorstellung von der (Unternehmens-)Welt als einer großen Maschine, die es mechanistisch zu beherrschen gelte, und ein Plädoyer für die Vorstellung von einer komplexen Welt. Man sollte die Wirksamkeit solcher Ideen für humane Systeme nicht unterschätzen – auch das lehrt uns das ›Spiel ohne Ball‹.

1 Was Unternehmen vom Fußball lernen können

In diesem Buch befasse ich mich mit dem Denken und Handeln in Unternehmungen. Ich setze mich mit herkömmlichen theoretischen Konzepten auseinander, insbesondere um zu untersuchen, welche praktischen Probleme sich aus diesen Ideen in Unternehmen tendenziell ergeben. Und ich versuche an markanten Punkten weiterzudenken, lasse mich dabei von der modernen Systemtheorie und konkreten Erfahrungen leiten, mit dem Ziel, theoretische Konzepte aufzuzeigen, die in der Praxis weiterführen können.

Ich wende mich mit diesem Buch an den neugierigen Praktiker oder auch an den an praktischer Umsetzung interessierten Theoretiker. Jede große Theorie, die diesen Namen verdient, kann praktische Relevanz außerhalb des Wissenschaftsbetriebes gewinnen. Dies gilt auch für die Systemtheorie, die sich auf die eine oder andere Art bereits bis in die Unternehmenspraxis in das Denken und Handeln der Menschen ausgebreitet hat. Keine Führungskraft möchte sich heute gern nachsagen lassen, sie könne nicht in Systemen denken. Freilich stehen wir alle damit eher noch am Anfang, zumal wenn wir davon ausgehen, daß wir eine Sache selbst noch nicht recht verstanden haben, wenn wir sie nicht mit praktischer Relevanz erklären können. So ist dieses Buch auch ein weiterer Versuch, die Verbreitung des Denkens mit komplexen Vorstellungen im Unternehmen zu fördern. Es ist mehr ein Denkbuch als ein Sachbuch. Vor allem versuche ich zu zeigen, daß die Beschäftigung mit der Systemtheorie wie eine Vorinvestition wirkt, mit der man komplexe Probleme auf eine vielleicht überraschende Weise bearbeiten kann.

Im Buchtitel steht »Fußball« als Metapher für die innere Dynamik, die in einer Fußballmannschaft ebenso wirkt wie in der Belegschaft eines Wirtschaftsunternehmens. Diese These will ich im folgenden begründen und dabei zugleich auch beispielhaft zeigen, wie im weiteren Theorie und Praxis verbunden werden.

Wenn man als Kind zum ersten Mal in seinem Leben an einem Fußballspiel teilnimmt, versteht man sofort, daß es irgendwie darum geht, so auf den Ball zu treten, daß dieser im gegnerischen Tor landet. Man glaubt, die Idee des Spiels begriffen zu haben, und legt los. Ganz verkehrt ist das ja nicht. Aber, so stellt man bald fest, die Wirklichkeit ist mal wieder viel komplizierter. Da laufen nämlich noch andere herum, noch dazu mit der gleichen Idee im Kopf, was die Sache nicht unbedingt erleichtert. Und meist hat ein anderer den Ball. Früher oder später hält einer das überwiegend torlose Tohuwabohu nervlich nicht mehr aus und schreit: »Gib doch ab!«, und er beginnt somit unverblümt verbal zu kommunizieren, ohne eine theoretisch fundierte Rechtfertigung für sein Tun abzuwarten. Na sowas? Was sollen hier Worte, wo es doch darum geht, den Ball zu treten? Aber je länger und ernsthafter man das Spiel betreibt, desto mehr *wird das ›Spiel ohne Ball‹ zur zentralen Idee des Spiels*, desto klarer kommt die Kommunikation der Spieler in den Fokus. Man kann ja nicht nur mit Worten kommunizieren, sondern auch mit wortlosen Handlungen, vorausgesetzt, die Spieler verstehen diese Handlungen wie dynamische Zeichen im Raum, welche Idee einen bewußt oder intuitiv gerade treibt und welche reale Situation dadurch entstehen könnte.

Niemand braucht sich zu wundern, wenn er diese Art der Kommunikation und damit die tiefere Idee des modernen Fußballs nicht gleich versteht. Schließlich hat die Menschheit Generationen gebraucht, bis sie soweit war, im Diskurs über Fußball Redewendungen wie das ›Spiel ohne Ball‹ benutzen zu können. Erst Mitte des 20. Jahrhunderts, also etwa 100 Jahre nachdem in Europa zum ersten Mal ein Ball in ein Tor getreten wurde, entstanden solche zu Begriffen geronnene Gedanken wie ›die ballorientierte Raumdeckung‹. Erst ab diesem Zeitpunkt konnte man bewußt oder systematisch in diese Richtung arbeiten. Und 100 Jahre sind ja ein Zeitraum, den selten ein einzelner Mensch durchhält, um die Chance zu bekommen, aus seinen eigenen Erfahrungen einen weiterführenden Gedanken zu destillieren, den er dann zu einem zündenden

Begriff formen könnte, eben zu einem Begriff, den andere verstehen. Begriffe sind immer voraussetzungsvolle Gemeinschaftsleistungen.

Natürlich geht es heute immer noch darum, den Ball ins gegnerische Tor zu treten. Das ›Tor‹ ist der Gewinn, den jede Mannschaft erreichen will, aber der Weg dahin ist verschlungen, oder, um es strenger zu formulieren, der Weg dahin ist komplexer Natur. Ein theoretisches Konzept, das nur den Schuß aufs Tor abhandeln würde (die meßbare Kennzahl), wäre natürlich schön einfach, so schön einfach wie viele der betriebswirtschaftlichen Theorien, aber es würde nur als handlungsleitende Theorie für ein vielleicht fünfjähriges Kind taugen, das mit dem Vater im Garten mit dem Spiel beginnt, oder für den Vater, der mit seinem Kind eben dort seine praktische Fußballkarriere beendet. Ein voll ausgebildetes Mannschaftsspiel verlangt mehr.

Ich abstrahiere und sage, zwei Mannschaften bilden zwei konkurrierende Netze mit je einem Spieler in den Knotenpunkten. Diese Netze sind permanent in Bewegung. Sie ziehen sich örtlich zusammen, zu dem unvermeidlichen Preis, sich dafür an anderer Stelle dehnen zu müssen. Jedes Netz muß versuchen, diese Bewegung an der Bewegung des Balls und an der Bewegung des gegnerischen Netzes je im gesamten Raum zu orientieren. Dabei kann man zwei Basisqualifikationen analytisch unterscheiden: zum einen die *Geschwindigkeit*, mit der sich die Knotenpunkte eines Netzes bewegen können, und zwar über die gesamte Spieldauer von 2 mal 45 Minuten; zum zweiten die *Ballbeherrschung*, also die Fähigkeit, den Ball von den eigenen Knotenpunkten absichtsvoll zu bewegen oder zu erobern. Diese Basisqualifikationen können einzelnen Spielern zugeschrieben und so auch einzeln trainiert werden. Das ist Sportalltag. Eine Mannschaft, die diese beiden Basisqualifikationen deutlich schlechter beherrscht als das gegnerische Netz, hat ohne Zweifel kaum Chancen. Diese beiden Qualifikationen sind also wichtige Voraussetzungen für den Verlauf eines Wettkampfes. Mehr noch: Wollte ich hier ein Fußballbuch schreiben, müßte ich die spielentscheidende Bedeutung würdigen, die einzelne hervorragende Fußballer oder Fußballerinnen[1] für eine Mannschaft haben können. Ebenso bestimmt schlichtes Glück den Ausgang eines Turniers. Mein Interesse gilt aber mehr der Vorlage, die diese Sportart für den Lernprozeß in Wirtschaftsunternehmen beisteuern kann, und zwar lehrreicher als andere Sportarten. Stellen wir uns zwei Fußballmannschaften vor, die hinsichtlich der beiden Basisqualifikationen tatsächlich gleichwertig sind, und zudem seien Glück und Pech im Spiel gleich verteilt. Was dann darüber entscheidet, welche Mannschaft gewinnt, das hat mit Sport zunächst überhaupt nichts zu tun. Damit kommen wir zu dem Aspekt, der ein Fußballspiel für Zuschauer auf besondere Weise faszinierend macht und gleichzeitig einem Wirtschaftsunternehmen die Möglichkeit bietet, vom Fußball Entscheidendes zu lernen. Aber was ist dieses Entscheidende?

Wenn wir davon ausgehen, daß die Bewegungsgeschwindigkeit der Spieler *eine* grundlegende Dimension ist, und die Ballbeherrschung eine *zweite*, Wahrscheinlichkeit oder Glück eine *dritte*, dann stellt sich die Frage, ob und wie wir das, was darüber hinaus geht, verstehen und begrifflich möglichst klar fassen können. Worin also könnten sich zwei Mannschaften unterscheiden, die sich hinsichtlich der genannten zwei Basisqualifikationen und Glück nicht unterscheiden?

Um diese Frage zu beantworten, könnte man eine handlungsleitende Theorie mit der These aufstellen, daß diejenige Mannschaft gewinnt, die in der Nähe des Balles meistens eine zahlenmäßige Überlegenheit ihrer Knotenpunkte herstellen kann. Damit wäre nämlich schlicht die Wahrscheinlichkeit erhöht, daß diese Mannschaft den Ball für die eigenen Reihen gewänne oder ihn darin hielte. Wir hätten in der Theorie nichts Neues gewonnen außer einer einfachen, aber redundanten These; denn dieser Punkt kann bereits mit der ersten und dritten Dimension erklärt werden.

Man könnte auch fortfahren, detailliert einzelne taktische Situationen zu beschreiben und herauszuarbeiten, wie sie zu lösen seien. Auf diesem Weg erhielte man etwa folgende Handlungskonzepte: Wenn zwei Spieler ›so‹ stehen und drei Gegner ›so‹ und der Ball ist ›da‹ und das Tor ›dort‹, dann müssen die zwei ›so-und-so‹ agieren. Solche Analysen gibt es zuhauf. Das für Menschen gemeinhin Bestechende an solchen

Konzepten ist ihre Einfachheit und geringe Abstraktionshöhe. Endlich scheint das reale Geschehen ohne weiteres beherrschbar zu sein. Man hat es begriffen. Wenn die Situation ›*so*‹ ist, dann macht man ›*so-und-so*‹ – fertig! Wenn man erst einmal auf diesen Dreh gekommen ist, kann man Bücher darüber schreiben und viel Geld verdienen. Ich kann mir die Bemerkung nicht verkneifen, daß viele betriebswirtschaftliche Lehrbücher und Ratgeber genau auf diese Weise entstehen. Es dauert eben eine Weile, bis man den unangenehmen Moment erleidet, in dem man eingestehen muß, daß die Situation nie wieder genau ›*so*‹ sein wird, und der Gegner macht meist auch irgend etwas anderes, so daß das eigene konzeptgerechte ›*so-und-so*‹ genau das Falsche sein wird.

Im Fußball erreicht man diesen Moment viel schneller; deshalb gibt es bei weitem nicht so viele Fußball- wie BWL-Lehrbücher, die nach diesem Konzept aufgebaut sind. Eine Handvoll gibt es schon, und damit ist's genug. Nun müssen wir genauer auf einen zentralen Unterschied zwischen Fußball und dem Geschehen für Wirtschaftsunternehmen eingehen, und darüber finden wir das Gemeinsame, das wir hier als *vierte* Dimension im Fußball identifizieren können und welche Qualifikation sich daraus als Anforderung an Fußballmannschaften ergibt. Daß das oben beschriebene Konzeptdenken im Fußball nicht genauso Furore macht wie in Wirtschaftsunternehmen, liegt einfach daran, daß man auf dem Platz alles, was geschieht, unmittelbar sehen kann. So sieht auch jeder, daß sich nichts genau in der gleichen Weise wiederholt, nicht einmal die berühmten Standardsituationen. Das Geschehen ist also allemal komplex, aber es ist unmittelbar für alle zu beobachten. Spieler wie Zuschauer sind zwar jeweils einzeln in ihrer Perspektive gefangen, aber kein Spieler kann irgendwo mit dem Ball abtauchen und die anderen in unwissender Verzweiflung zurücklassen, um überraschend woanders aus dem Rasen wieder aufzutauchen.

Im Wirtschaftsleben sind derart ›verdeckte Aktionen‹ der Normalfall, während im Fußball jede Aktion offen zutage tritt. Man muß nur verstehen, was sich daraus noch ergeben könnte. Damit kommen wir zum entscheidenden Punkt. Niemand in den beiden Netzen auf dem Platz kann sich oder den Ball unbemerkt bewegen, und *jede Bewegung kann als ein Zeichen gelesen werden, das über potenzielle Bewegungen Auskunft gibt. Information – Mitteilung – Verstehen, die Grundaspekte von Kommunikation, bilden (auch hier untrennbar) die vierte Dimension im Fußball.* Die Spieler müssen lernen, den Fluß der Ereignisse auf dem Platz zu verstehen, so als hätten sie das gesamte Geschehen je in ihrem eigenen Kopf. Sie müssen in Sekundenbruchteilen die Potentiale herauslesen, müssen antizipieren, was andere daraus machen können, müssen permanent aktualisierte Taktiken entwerfen und die Aktionen ihres Netzes zu einer sich selbst verstärkenden Bewegung entwickeln, die darin mündet, den Ball ins gegnerische Tor zu treten. Es sind diese permanenten und simultanen Prozesse von Handeln – Verstehen – Handeln – Verstehen usw., die so faszinieren, weil sie ähnlich komplex sind wie das ›wirkliche Leben‹, aber hier sind sie endlich einmal unmittelbar zu beobachten.

Wenn in der Leichtathletik ein Hochspringer springt, muß er nur besonders hoch springen, aber wenn ein Fußballer hoch springt, kommt es auf etwas anderes an, auf viel mehr, könnte man sagen. Ein Fußballer mag sagenhaft hoch springen, aber wenn er etwa 2 Meter entfernt von der Stelle hochspringt, an der der Flankenball herunterkommt, oder 2 Sekunden zu spät, wenn er den Flug des Balles also nicht antizipierte und *sein Spiel ohne Ball nicht zuvor darauf abgestimmt hat,* dann hätte er sich den Sprung sparen können. Er hat das Entscheidende falsch gemacht – und alle können es sehen. Alle wissen dann sofort, was er falsch gemacht hat, und sie wissen es wirklich, zumindest jetzt, also hinterher. Nebenbemerkung: Wenn einer das Entscheidende weiß, dann kann es sich bei diesem einen nur um einen Fachmann handeln, das ist doch klar. Deshalb gibt es unter Fußballzuschauern so ungeheuer viele Fachleute.

Oder nehmen wir ein anderes Beispiel: Das Kurzpaßspiel. Natürlich müssen dafür die zwei oder drei Spieler eine bewundernswerte Ballbeherrschung zeigen, und sie müssen flink sein, keine Frage, aber vor allem müssen sie blitzschnell die kommunikationswertigen Handlungen der Mitspieler und Gegner verstehen und in erfolgreich koordinierte Aktio-

Fußballer so geläufig ist wie vielleicht ›Blutgrätsche‹. Neben Laufvermögen und Ballbeherrschung benötigt man für die mentale Leistung einer Antizipation des Spielgeschehens auf dem Platz sicherlich ein gehöriges Maß an Intelligenz und Kreativität. Wenn man zudem in seiner Gedankenwelt bereits über Ideen verfügt, was ›ballorientierte Raumdeckung‹ oder ›Spiel ohne Ball‹ bedeuten, so lädt die eigene Gedankenwelt gewissermaßen zu der geforderten mentalen Leistung ein. Man ist dann von ›Kopf bis Fuß‹ auf diese Leistung eingestimmt. Eigensinnige Fußballer im Sinne von Einzelkämpfern brauchen sich weniger Gedanken dieser Art zu machen, und sie brauchen auf dem Platz auch nicht so viel wahrzunehmen. Sie haben es im Kopf viel einfacher, dafür wird es für sie immer schwerer, einen Klub zu finden, der sie haben will.

Exkurs 1 – Auf den Spuren von Geisterhänden

Gehen wir einmal gedanklich einem alltäglichen Fußballgeschehen auf den Grund, das ich eingangs bereits andeutete. Analysieren wir eine immer wieder zu beobachtende Entwicklung, die auch viele Leser und Leserinnen selbst erlebt haben. Man beginnt als Kind das Fußballspiel mit roten Backen in einem hin und her eilenden Haufen, der eigentlich in ein mitbewegtes größeres Zimmer passen würde. Je nach Temperament hält man sich mehr in der Mitte oder am Rand des Getümmels auf – Klumpenfußball. Dann allmählich, im Laufe von Wochen oder Jahren, spreizt sich der Haufen zu den beiden oben beschriebenen Netzen über nahezu den ganzen Fußballplatz auf. Steppkes, deren Alter bereits im zweistelligen Bereich liegt, würden sich nie wieder dem kindischen Klumpengebolze hingeben. Aber die roten Backen bleiben als Phänomen, woraus wir schließen, daß sich am maximalen Körpereinsatz nichts geändert hat. Die verbesserte Ballbeherrschung scheidet ebenfalls als Ursache dafür aus, daß sich der Klumpen wie von Geisterhand geführt zu einem ausgebreiteten Netz entwickelte. Was also ist die Ursache hierfür? Niemand wird jetzt mit Zufall argumentieren wollen. Also was bleibt? Es ist die *vierte* Dimension, oder genauer, *es ist die Idee von dieser vierten Dimension*. Das Aufspreizen des Netzes hat ausschließlich mentale Ursachen. Die Steppkes haben die Idee des ›Spiels ohne Ball‹ begriffen. Sie kommunizieren im Raum, und sie haben jetzt gewissermaßen eine Theorie dazu. Wer diese Feststellung nur belächelt, als habe die beschriebene Entwicklung nichts mit theoretischen Konzepten oder einer großen Idee zu tun, der kann selbst keine große Idee kommunizieren und wird ganz praktisch nur einen lausigen (Jugend-)Trainer abgeben.

Kurzum, im modernen Fußball wird die Kommunikation in einer Mannschaft heute bewußt und intuitiv als eine spielentscheidende Dimension verstanden. Das Handeln auf dem Platz wird von Kommunikation bestimmt, und wie *nirgends sonst können wir bei einem Fußballspiel die Kommunikation zweier menschlicher sozialer Systeme im Wettbewerb beobachten.* Wir können im Raum unmittelbar sehen, welche Strategien, Taktiken oder Absichten sie bewegen, was ihnen von Moment zu Moment Neues einfällt, und wir können sehen, ob es sich jeweils um eine gute Idee handelte und ob die Idee ihren Fähigkeiten entsprach. Wir können vor allem sehen, ob die Kommunikation wie gewünscht gelingt, und damit sehen wir, ob es gut läuft oder ›dumm gelaufen‹ ist. Bei all dieser für menschliche Unternehmungen einzigartigen Übersichtlichkeit bleibt das Spiel ähnlich komplex wie das reale Leben, und somit bleibt auch genug Raum für endlose Diskussionen. Das ist das Schöne am Fußball. Jeder Vergleich solcher Diskussionen mit Besprechungen in Wirtschaftsunternehmen wäre unsportlich – die Voraussetzungen sind zu verschieden.

Vielleicht ist eine Annäherung dieser beiden Arten von Kommunikation möglich. Vielleicht kann die Kommunikation in Wirtschaftsunternehmen einen wesentlichen Schritt tun, mit dem sie ihre eigene Unübersichtlichkeit mindert und sich selbst besser verstehen lernt. Dafür soll dieses Buch Voraussetzungen schaffen.

Ich vereinfache die moderne Theorie sozialer Systeme von Niklas Luhmann, um sie lesbarer zu machen. Dadurch wird sicherlich etwas verlorengehen. Im Gegenzug entstehen aber ihre Kernaussagen in einer Form, in der sie auf den realen Prozeß des Umdenkens in den Unternehmen leichter Einfluß nehmen können. Die größte Herausforderung dieses Buches besteht vielleicht darin, komplexe Gedankengänge so weit zu verstehen, daß sie in engem Zusammenhang mit praktischen Erfahrungen entwickelt werden können. Und dies soll auf eine verständliche Weise geschehen, die beim Leser für Überraschungen gut ist. Für die angestrebte Klarheit greife ich immer wieder zu Grenzwertbetrachtungen, mit denen Wesentliches deutlich wird. Außerdem beschäftige ich mich insbesondere im 3. Kapitel kritisch mit herkömmlichen Konzepten im Unternehmensumfeld, die einfach und scheinbar naheliegend davon ausgehen, daß Personen die Elemente sozialer Organisationen sind. Personenzentrierte Konzepte können als verhängnisvoll angesehen werden, da sie Ausgangspunkte für destruktive und sehr kostspielige Tendenzen in Unternehmen bilden.

Bei der weiteren Lektüre werden immer wieder rekursive Schleifen auffallen, in denen ich bereits behandelte Themen mit erweiterter Perspektive erneut aufgreife. Ein Text ist in seiner Form Satz für Satz unvermeidlich linear, ein komplexes Thema aber gerade nicht. Um den Fluß des Textes nicht zu stören, habe ich einige Ausführungen in Exkursen gefaßt. In ihnen werden Geschichten erzählt und Beispiele ergänzt, wie erwähnt auch Grenzwertbetrachtungen angestellt. Diese Exkurse enthalten also Erläuterungen und Anschauungsmaterial; sie sind aus meiner Sicht nützlich, aber zum Verständnis nicht unbedingt erforderlich.

Von Alfred Korzybski stammt der Satz: »Die Landkarte ist nicht das Land.«[2] Er mahnt uns, unsere kreativen Abbildungen der Realität nie mit der Realität selbst zu verwechseln. ›Landkarte‹ steht hier als Metapher für jegliches theoretische Konzept, und das ›Land‹ natürlich für die Realität. Wenn aber die Realität nirgends mit Landkarten eindeutig verknüpft werden kann, wie soll man dann zeigen können, daß eine teilweise neu gefertigte ›Landkarte‹ (z. B. dieses Buch) dort, wo sie von den bisherigen abweicht, besser ist? Objektiv nachweisen kann man da leider nichts, sofern man es mit einer komplexen Realität zu tun hat, aber die Benutzer dieser ›Landkarte‹ werden gestützt auf ihre eigene Realitätserfahrung über den Nutzen dieses Buches entscheiden können, und das genügt.

Mit den hier dargestellten Gedankengängen betreten wir mitunter Neuland, und wir tun dies verschiedentlich mit neuen Gedanken. Neben der Übersetzung komplexer Theorien in verständliche, handlungsleitende Konzepte bilden diese teilweise neuen Konzepte das zweite wichtige Motiv zu diesem Buch. Der Kernpunkt, dem wir uns in konzentrischen Kreisen nähern werden, besteht in einer qualitativen Weiterentwicklung der Konzeption des ›weichen Sektors‹ in Unternehmen. Was heute genaugenommen noch eher fragmentarisch in Form vereinzelter Maßnahmen der Personalentwicklung praktiziert wird, werde ich in einen übergreifenden Rahmen stellen: Reentry-Kommunikation – die sich selbst betrachtende Kommunikation. Heute taucht diese Meta-Kommunikation unter vereinzelten Stichworten mit mehr oder weniger großem Gewicht im Unternehmen auf, wie etwa: Mitarbeitergespräche, Führungsgespräche, Führungsdialog, Organisationsentwicklung, Personalentwicklung, Coaching, Regelkommunikation, Teamklausuren, Strategieentwicklung. Der wesentliche nächste Schritt besteht darin, den ›weichen Sektor‹ *systematisch und periodisch (also nicht nur sporadisch)* mit kommunikativen Verfahrensweisen zu durchflechten und zu stützen. Die Verfahren in der Qualitätssicherung sind hier durchaus vorbildlich, und zwar gerade auch in der kompromißlos ergebnisoffenen Art, in der sie angelegt sind. Spitzenleistung kann heute nur in Kombination mit ergebnisoffenen Verfahren erreicht werden, das gilt unbestritten für den ›harten Sektor‹ (vgl. DIN/ISO 9000). Das gilt ebenso für den ›weichen Sektor‹ – wenn man diesen Sektor erst einmal gründlich durchdacht hat. So wie High-Tech ein Begriff ist, dessen zumindest vage Bedeutung jeder versteht, so kann dieses Buch vielleicht einen Begriff ›High-Comm‹ prägen helfen – nämlich Kommunikation im Unternehmen auf höchstem Niveau.

2 Klärungen vor dem Hintergrund der Luhmannschen Systemtheorie

2.1 Die Leitunterscheidung System/Umwelt

Traditionell wurde und wird ein System meist als eine irgendwie zusammengehörige Ansammlung von Dingen mit Beziehungen untereinander angesehen. Das ist klar und einfach und paßt scheinbar immer. Also wird dieses Konzept ohne weiteres auf soziale Systeme übertragen. Wiederum scheint es sofort naheliegend, einzelne Personen als die Elemente eines sozialen Systems zu identifizieren. Mit diesem Ansatz wird kaum ein Leser Schwierigkeiten haben, scheint er doch der alltäglichen Erfahrung unmittelbar zu entsprechen. Immer wenn man auf soziale Systeme trifft, sitzen da Personen herum oder tummeln sich sonstwie. Bevor wir diesen Grundgedanken wie angekündigt kritisch weiterverfolgen, schauen wir uns aber erst die Vorlage an, die Niklas Luhmann mit seiner Theorie sozialer Systeme beisteuert.

Luhmann hat einen völlig anderen Denkansatz, der noch dazu auf einer hohen Abstraktionsstufe einsetzt. So sind die nächsten Seiten vielleicht nicht ganz leicht zu lesen. Sie beschreiben gerade die Gedankengänge, die in entscheidenden Punkten selbständiges Umdenken sowie neues Handeln ermöglichen und fördern. Wie bei jeder wirklich guten Theorie werden mit ihr vertrackte Probleme einfacher, klarer, und neue Lösungen tauchen auf. Das ist der Lohn der Mühe.

Exkurs 2 – Ein Bausatz aus Unterschieden

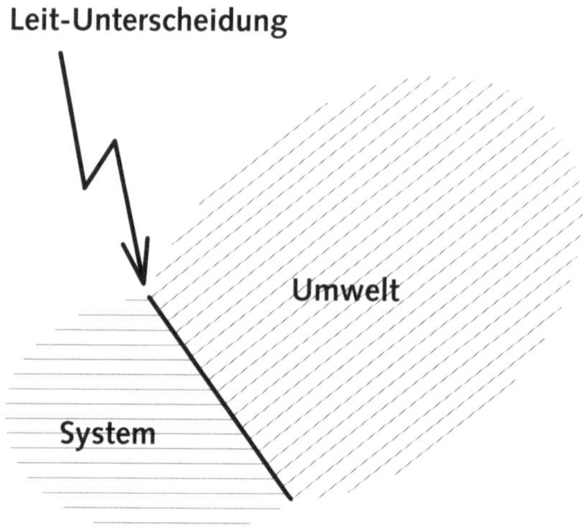

Luhmann entwickelt seine Theorie ausdrücklich mittels Unterscheidungen. Er konstruiert sein Konzept, indem er an einer Unterscheidung die nächste anschließt. Begrifflich faßt er immer das, was im Bild durch die schwarze Linie repräsentiert wird, mit der beispielsweise eine Umwelt und ein System als Vorder- und Rückseite der Unterscheidung *zugleich* aufscheinen.

Luhmann beschreibt ein »differenziertes System« als bestehend »aus einer mehr oder weniger großen Zahl von operativ verwendbaren System/Umwelt-Differenzen, *die jeweils an verschiedenen Schnittlinien das Gesamtsystem als Einheit von Teilsystem und Umwelt rekonstruieren*«[1]. Also können wir festhalten: Luhmann betrachtet nicht Dinge, sondern er benennt Unterschiede, die Schnittlinien aufzeigen. Man steht also nicht mehr vor der Aufgabe, Einzelteile und ihre eventuelle Zusammengehörigkeit zu identifizieren, sondern das Konzept wird umgestellt auf die Formulierung eines Unterschieds, nämlich auf »die Leitdifferenz von System und Umwelt«[2].

Das Luhmannsche Konzept bedarf so keiner besonderen Denkbemühungen (die versäumt werden könnten), um »ein System« nicht in eine begrifflich illusionierte Vereinzelung und Isolation gleiten zu lassen; denn mit systemtheoretischer Begrifflichkeit wird nicht einfach »das System« betrachtet, sondern der Unterschied zwischen Umwelt einerseits und System andererseits. Damit wird ein Umdenken erforderlich. Herkömmlicherweise sehen wir uns aufgefordert, zur Klärung erst *dies*es und dann *jenes* zu sehen. Luhmann analysiert genau diesen Vorgang, indem er die Begriffe so schärft und einsetzt, daß *dieses* und *jenes* mit der Klärung des Unterschieds zwischen beiden *gemeinsam* auftauchen. Dadurch werden wir durch diese Theorie quasi gezwungen, immer *das andere* mitzudenken, sobald wir Anstalten machen, über *das eine* nachzudenken, also gemäß Goethes Satz: »Jedes ausgesprochene Wort erregt den Gegensinn.«[3]

Natürlich ist dieser Gedanke abstrakt. Nirgends ist einem je eine System/Umwelt-Differenz leibhaftig über den Weg gelaufen, aber wenn man diesen Gedanken einmal verinnerlicht hat, wird man nie wieder ein Unternehmen (oder eine Subunternehmung/Abteilung) ins Auge fassen können, ohne daß im Kopf eine Lampe mit der Frage aufleuchtet: Umwelt? Was ist mit der Umwelt? Mitarbeiter? Kunde? Markt? Zulieferer? Und was gibt es sonst noch? Und wie sieht es an den Schnittstellen aus?

2.2 Die Unterscheidung Element/Relation

Auch bei der gedanklichen Rekonstruktion des Systeminneren setzt Luhmann die gleiche Betrachtungsweise und Begrifflichkeit fort. Mit dem Begriff »Element« lehnt er sich nicht zurück, als sei die Arbeit getan und er habe eine für sich denkbare Sache entdeckt. Der Begriff ›Element‹ wird nach Luhmann gewissermaßen erst sinnvoll, wenn man sagen kann, was *nicht* Element ist. Erst durch diese Unterscheidung ist der Begriff dann klar theoretisch aufgehängt. Luhmann geht es bei seiner Theorie nach seinen eigenen Worten[4] um »eine selbsttragende Konstruktion«, in der sich die Begrifflichkeit mit gewisser Notwendigkeit entfaltet und dadurch »eine Haltbarkeit und Anschlußfähigkeit nach innen und nach außen« gewonnen wird. So macht er sich auf die Suche nach der speziellen Unterscheidung, die wiederum von der Leitdifferenz System/Umwelt unterschieden werden kann. Mit dieser Überlegung entwickelt er die anschließende Leitdifferenz Element/Relation: »Die Differenz System/Umwelt muß von einer zweiten, ebenfalls konstitutiven Differenz unterschieden werden: der Differenz von *Element* und *Relation*. In jenem wie in diesem Fall muß man die *Einheit* der Differenz als *konstitutiv* denken. So wenig wie es Systeme ohne Umwelten gibt oder Umwelten ohne Systeme, so wenig gibt es Elemente ohne relationale Verknüpfung oder Relationen ohne Elemente.«[5]

Element bezeichnet nach Luhmann keinen beliebigen Bestandteil des Systems, sondern bezeichnet etwas, das in Einheit mit der Relation als Gegensatzpaar zwingend das System entstehen läßt. Diese Einheit darf man folglich nicht außer acht lassen, ohne beim Denken in die Betrachtung eines ganz anderen Systems überzuwechseln. Elemente des Systems sind die Einheiten, mit denen sich das System durch (Neu-)Relationierung konstituieren und ändern kann. Luhmann führt einen ganz simplen Vergleich für diese Überlegung an (ebd.): Analysiere ich ›Haus‹, so finde ich mit dieser Theorie die Leitunterscheidung von Zimmern und deren Relationen. Betrachte ich hingegen Backsteine und Mörtel, so analysiere ich nicht mehr das System ›Haus‹, sondern bin gedanklich im Subsystem ›Mauer‹ angelangt. Hier zeigt sich die Stringenz, oder, wenn man so will, die Schönheit dieses Vorgehens. Man braucht ganz wenig, um viel daraus entwickeln zu können. Wozu sonst sollen Theorien dienen?

2.3 »Kommunikationen« als Elemente des sozialen Systems

Wenn nicht Personen die Elemente von sozialen Systemen sind, was dann? Dazu Luhmann: »Auf die Frage, woraus soziale Systeme bestehen, geben wir mithin die Doppelantwort: aus Kommunikationen und aus deren Zurechnung als Handlung. Kein Moment wäre ohne das andere evolutionsfähig gewesen«[6].

Exkurs 3 – Eine lehrreiche Geistesstörung

Die Formulierung »aus Kommunikationen und aus deren Zurechnung als Handlung« scheint auf den ersten Blick verwirrend zu sein. Nur ein genaueres Textstudium könnte Luhmanns Theoriekonstruktion ganz gerecht werden, wozu ich ausdrücklich einladen will[7]. Hier begnüge ich mich mit Vereinfachungen: Der Begriff Kommunikation läßt eine Kommunikation gewissermaßen (von Personen) losgelöst im Nichts schweben. Erst wenn man den Begriff Handlung davon unterscheidend hinzufügt, kann eine Kommunikation mit Personen verbunden werden. Daß Luhmann hier keine theoretischen Mätzchen vollführt, kann an einem Beispiel gezeigt werden. Vergleicht man die Sätze: »Es wird gesagt« und »*Ich* höre *ihn* sagen«, so enthält der zweite Satz ausdrücklich die Zurechnung von Kommunikation als Handlung von bestimmten Personen, der erste nicht. Dieser Unterschied hat durchaus praktische Relevanz. Man denke nur an die Geistesstörung, bei der eine Person die Zurechnung von Kommunikationen als Handlungen von Personen nicht mehr vollziehen und deshalb konkret nicht unterscheiden kann, ob das, was sie innerlich gehört hat, von ihr selbst oder von einer anderen Person ›draußen‹ stammt. ›Man hört dann Stimmen‹, sagt man, und diese Redewendung genügt je nach Kontext ohne weiteres, um einen Zustand von ›verrückt sein‹ zu bezeichnen.

Kommen wir zur Kernaussage zurück: Personen können nicht die Elemente des sozialen Systems sein, argumentiert Luhmann, weil das soziale System mit seinen Elementen ja erst von Personen als etwas erzeugt werden muß, das wesentlich zwischen diesen Personen und außerhalb von ihnen ist. Kommunikation ist als Begriff zunächst vollständig getrennt von Personen. Eine Verbindung entsteht erst oder nur durch den Aspekt von Handlung, oder anders gesagt: Wir können Kommunikation(en) von den kommunikativ handelnden Akteuren unterscheiden. Kommunikation und Person sind zwei unterscheidbare Systeme, aber wir können beides nicht trennen (ohne die Kommunikation komplett zu verlieren, s. Exkurs 3).

Mitteilungen sind also an Handlungen gebunden, können nicht ohne Handlungen erfolgen, aber Handlungen allein reichen ebenfalls nicht aus.

Man denke an die ›Kommunikationswerte‹[8] ausdifferenzierter Handbewegungen in der Unterhaltung von Gehörlosen. Wer mit seinen Händen diese Kommunikationswerte nicht mitteilen und verstehen kann, kann in einer Begegnung mit Gehörlosen seine Hände bewegen soviel er mag; ohne den intendierten Verstehensprozeß in konkreten Personen wird keine Kommunikation daraus.

Kommunikation ist so gesehen das unvermeidlich gemeinsame Produkt von Personen. Dies hat eine sehr weitreichende Bedeutung für die Behandlung von Kommunikation im Unternehmen, wie wir später noch sehen werden.

Die Unterscheidung der Kommunikationsteilnehmer von ihrem Produkt ist in diesem Fall ungewohnt. Der Verzicht auf diese Unterscheidung im herkömmlichen Denken sorgt für allerlei Verwirrung in der realen Kommunikation. Luhmanns Verdienst ist es, eine Theorie und Begrifflichkeit zur Verfügung zu stellen, die im Bewußtsein von Personen vielleicht für eine neue Klarheit der Gedanken sorgt, und diese Klarheit kann dann in der Praxis wirksam werden. Ich warne aber davor, im Zusammenhang mit derartigen theoretischen Konzepten mit Kategorien wie wahr/unwahr zu operieren. Andererseits lohnt es sich herauszuarbeiten, daß eine Denkweise, die Kommunikation und Person nicht unterscheidet, im Bewußtsein von Personen und in deren Kommunikation ein Durcheinander wahrscheinlich macht, das seinerseits verhängnisvolle Entwicklungen begünstigt.

Exkurs 4 – Ein kommunikativer Unfall in der Armee

Es war einmal ein Offizier, der unter Strabismus (Schielen) litt. Er ließ drei Rekruten zum Appell antreten, und es ergab sich folgender Wortwechsel:

(Sachlicher Befehlston) »Wie heißen Sie?«

(Zackige Antwort) »Gefreiter Müller.«

(Lautes Anschreien) »Sie habe ich nicht gefragt!«

(Trotzig reklamierend) »Ich hab doch gar nichts gesagt.«

In diesem Dialog ist klar, wer die Kommunikation handelnd beginnt, mehrdeutig ist aber offensichtlich der Adressat der Frage. Immer der jeweils Nächste fühlt sich durch ein Schielauge angesprochen. Die Frage und der Rüffel des Offiziers sind buchstäblich aus seiner Sicht in keiner Weise zu beanstanden. Ebensowenig ist jede der Antworten für sich genommen zu beanstanden. Jeder hat nachvollziehbar etwas verstanden, aber nicht alle das gleiche. Interessant wird die Sache, wenn man nach Lösungen für dieses Kommunikationsproblem sucht. Arbeitet man dabei mit einem Konzept, das besagt, das dargestellte System bestehe einfach nur aus Personen, folglich müßten diese sich ändern, wenn die Kommunikation in einen Konflikt mündet, so wird man bei nach wie vor konfliktträchtigen Lösungen landen (abgesehen vielleicht von einer Augenoperation). Wenn man hingegen zunächst davon ausgeht, daß es nicht um Personen geht, sondern um die Kommunikation zwischen ihnen, so besteht der erste Lösungsschritt darin, ohne personifizierende Schuldvermutung ergebnisoffen zu analysieren, was eigentlich genau vorgefallen ist. Dann haben die vier Personen in einer Meta-Kommunikation gute Chancen, die mehrdeutige Reflexion als Ausgangspunkt des Mißverständnisses zu entdekken. Es gibt hier zwei Verstehensschleifen: (1) ›Gemeint ist der, den ich mit dem rechten Auge anschaue‹ im Gegensatz zu (2) ›Gemeint ist der, der vom linken Auge angeschaut wird‹. Nun könnte die Mehrdeutigkeit der Adressierung durch den Offizier offen und respektvoll kommuniziert und bewußtgemacht werden. *Keiner hätte gemäß dem neuen Konzept etwas ›falsch‹ gemacht.* Dadurch wäre personenbezogene Aggression als unproduktive Konfliktentwicklung zunehmend unwahrscheinlich gemacht, und eine Lösung könnte durch zusätzliche kommunikative Handlungen (z. B. Deuten) darin münden, daß unbeteiligte Beobachter den weiteren Verlauf der Geschichte überhaupt nicht mehr witzig finden.

Man kann von sozialen Systemen sprechen, wenn sich Kommunikationen als jeweils bestimmte Muster über die Zeit stabilisieren und man sie infolgedessen von der übrigen Kommunikation in der Umwelt unterscheiden kann. Sie bilden etwas, das man auch einen geschlossenen Kreislauf nennen kann, oder eben ein geschlossenes System, im Unterschied zu einem offenen System. (Ein soziales System zeichnet sich immer durch beide Aspekte aus, es ist offen und gleichzeitig geschlossen, je nach Betrachtungsweise[9]. Ob man ein derartig widersprüchliches Phänomen nun dialektisch oder paradox nennt, ist ziemlich gleichgültig, solange man nicht einen Aspekt davon ignoriert, indem man beides zusammen als absolut unvereinbar denkt. Auf solche Dialektik treffen wir häufig, man denke nur an das Phänomen Licht, das eindeutig Wellencharakter besitzt, also masselos ist *und* das gleichzeitig ebenso eindeutig Teilchencharakter aufweist, je nachdem, wie wir es in wissenschaftlichen Experimenten befragen.)

Exkurs 5 – Systemisches Konzentrat

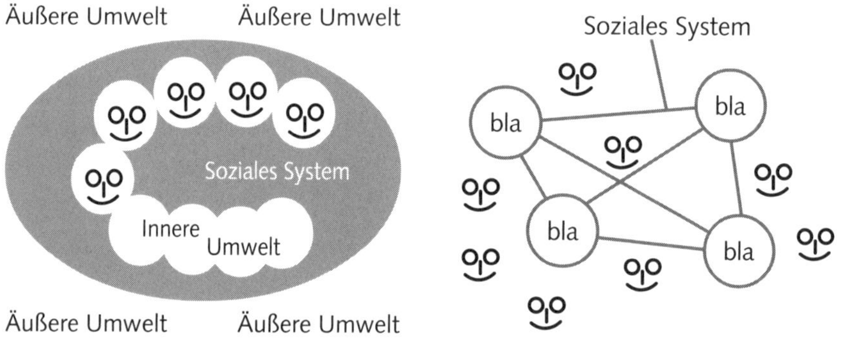

Zusammengefaßt in knappster Form: Soziale Systeme werden durch Kommunikationen und den Relationen, mit denen sie sich aufeinander beziehen, gebildet. Handlungen können einen Kommunikationswert besitzen. Selbstreflexion ist sozialen Systemen immanent, weil Kommunikation unvermeidlich mit Selbstbezüglichkeit einhergeht. Psychische Systeme sind kein Bestandteil des sozialen Systems, sondern sie bilden eine Umwelt, die man innere Umwelt des sozialen Systems nennen kann. Die Umwelt ist alles, was nicht *systemintern* ist, und dieses ›alles andere‹ ist immer komplexer als das System selbst.

Luhmanns Formulierungen dienen der Theorie. Bei der Formulierung seiner Gedankengänge und Begriffe geht es ihm vordringlich nicht darum, bei beliebigen Lesern auf Vertrautes zu treffen, und darum darf es auch keinem Autor in erster Linie gehen, der eine neue Theorie präzis formulieren will. Mein Vorhaben ist eine Art Übersetzung, und so schauen wir nun, was wir mit Luhmanns Text weiter anfangen können. Er schreibt: »Die Theorie selbstreferentieller Systeme behauptet, daß eine Ausdifferenzierung von Systemen nur durch Selbstreferenz zustande kommen kann, das heißt dadurch, daß die Systeme in der Konstitution ihrer Elemente und ihrer elementaren Operationen auf sich selbst (...) Bezug nehmen. Systeme müssen, um dies zu ermöglichen, eine Beschreibung ihres Selbst erzeugen und benutzen.«[10] Das System kann sich selbst nur ausdifferenzieren, kann nur neue Elemente und Relationen erzeugen, indem es sich auf sich selbst bezieht und beziehen kann. Dieses Bezugnehmen auf sich selbst ist aber nur möglich, wenn das System realisieren kann, »wer kommunikativ gehandelt hatte«[11]. Demgemäß konstituiert sich ein soziales System durch Kommunikationen, die in einer Selbsreferenz auf Handlungen von Personen zurückgeführt werden können.

Bezüglich der Selbstreferenz sozialer Systeme können drei Aspekte unterschieden werden, nämlich Selbst-Konstitution, Selbst-Beobachtung und Selbst-Beschreibung. Ein soziales System nimmt also auf sich selbst Bezug, indem es sich selbst konstituiert, beobachtet und beschreibt. Wenn überhaupt von einem sozialen System gesprochen werden kann, dann existiert es in oder mit diesen drei Aspekten. Wenn beispielsweise keine explizite Selbst-Beschreibung vorliegt, dann bedeutet das nicht, daß dieser Aspekt fehlt, sondern es bedeutet, daß die Kommunikation in dieser Unternehmung gemäß einer impliziten Selbst-Beschreibung verläuft. Es sind immer alle drei Aspekte vorhanden oder beobachtbar, die Frage ist nur, inwieweit die Personen die Aspekte ihrer Kommunikation bewußt und ausdrücklich gestalten. Wenn sie letzteres nicht leisten, dann ereignet sich nicht nichts, sondern lediglich eine andere Kommunikation, als die Beteiligten vielleicht glauben.

Die Stärke des Luhmannschen Konzepts besteht darin, daß der gesamte begriffliche Baukasten, der notwendig ist, gewissermaßen an einem Stück zusammenhängend bereitgestellt wird, damit wir all das bezeichnen können, womit sich ein soziales System konstituiert. So ist in der Theorie kein Stückwerk mehr möglich; wir haben sozusagen immer alles oder nichts vor uns. Auf diesem Weg gelingt Luhmann eine sehr erhellende Darstellung der Rolle, die das Verstehen in der Kommunikation spielt: »daß Verstehen ein unerläßliches Moment des Zustandekommens von Kommunikation ist, hat für das Gesamtverständnis von Kommunikation eine sehr weittragende Bedeutung. Daraus folgt nämlich, daß Kommunikation nur als selbstreferentieller Prozeß möglich ist. Wenn auf eine kommunikative Handlung eine weitere folgt, wird jeweils mitgeprüft, ob die vorausgehende Kommunikation verstanden worden ist. Wie immer überraschend die Anschlußkommunikation ausfällt, sie wird auch benutzt, um zu zeigen und zu beobachten, daß sie auf einem Verstehen der vorausgehenden Kommunikation beruht. Der Test kann negativ ausfallen und gibt dann oft Anlaß zu einer reflexiven Kommunikation über Kommunikation. Aber um dies zu ermöglichen (oder zumindest: zu erübrigen), muß ein Verstehenstest immer mitlaufen, so daß immer ein Teil der Aufmerksamkeit für Verstehenskontrolle abgezweigt wird«[12]. Diese Theorie besagt, daß Selbstbezugnahme einem sozialen System immanent ist – also ohne Selbstreflexion kein System.

Exkurs 6 – Kein Vogel ohne Flügel – keine Kommunikation ohne Selbstreflexion

Man stelle sich ein Gespräch vor, in dem ein Teilnehmer permanent damit antwortet, daß er erst einmal seine Selbstreflexion verbal nachzeichnet und erklärt: »Also ich habe Sie jetzt so verstanden, daß … «. Wahrscheinlich reagiert der andere darauf bald peinlich berührt oder verdreht vielleicht entnervt die Augen. Wie kann man sich diese Reaktion erklären, als würde etwas Überflüssiges erläutert? Wie kann es überflüssig erscheinen, den Verstehensprozeß ausdrücklich zu erläutern, der aktuell im Bewußtsein abläuft, den aber niemand von außen unmittelbar beobachten kann?

Die praktische Qualität des Luhmannschen Konzepts kann man sich mit diesem alltäglichen Beispiel verdeutlichen. Nach Luhmann ist Kommunikation begrifflich immer mit Selbstreflexion gekoppelt, und jegliche Antwort enthält ohnehin implizit den Inhalt dessen, was zuvor verstanden wurde. Es ist keine Antwort möglich, die nicht auf irgendeine Weise auch enthielte, wie die antwortende Person den Beitrag des Vorredners verstanden hat.

Falls die Antwort auf einem Verständnis aufbaut, das nicht nachvollzogen werden kann, dann nennen wir das gegebenenfalls ›verrückt‹. So oder so wird beim Kommunizieren ein parallel laufender Vorgang als *selbst-verständlich* vorausgesetzt, den Luhmann »Verstehenstest« nennt und der das Aussprechen der inneren Reflexion normalerweise überflüssig macht.

Die *Wiederholung* der reflexiven Schleife durch die ausdrückliche Formulierung: »Ich habe Sie so verstanden« wird eher ausnahmsweise dann als sinnvoll erlebt, wenn die vorhergehende Kommunikation Anlaß zu vertrauensbildender Metakommunikation gibt, wenn der Antwortende beispielsweise in einer heiklen Phase der Kommunikation das Wissen um die Bedingtheit und Fragwürdigkeit der eigenen Antwort vorweg kommunizieren möchte. Auf diese Weise unterwirft er sein Verstehen der Kontrolle des anderen. Das ist eine starke Maßnahme, denn der andere ist nun gezwungen, sich festzulegen, wie er verstanden werden will. Es handelt sich dabei also um ein Vorgehen, mit dem die Qualität der Kommunikation sichergestellt werden soll. Genauso können Aktivitäten der Personalentwicklung als qualitätssichernde Maßnahmen im Unternehmen aufgefaßt und durchgeführt werden. (Wenn man es mit der Qualitätssicherung übertreibt, dann werden die Prozesse uneffektiv, und eine entsprechende Kommunikation wird als störend empfunden).

Zusammenfassend betrachtet geht es hier um die Sicherung der Effektivität und Qualität von Kommunikation, also um *die Prozeßsicherheit der Einheit von Information, Mitteilung und Verstehen*.

Nun sage niemand, diese Feststellungen hätten keine praktische Bedeutung, aber nicht in dem Sinne, daß man aus dieser Theorie etwa schlußfolgern müßte, ein Unternehmen müsse eigens mit Personalentwicklungsmaßnahmen für Reflexion sorgen, damit es überhaupt ein Unternehmen werden könne. Nein, diese Theorie besagt, daß die Selbstreflexionen im Verbund mit einem Verstehensprozeß *so oder so* stattfinden, gleichgültig ob sie nun explizit oder implizit kommuniziert werden. Explizite Reflexion bedeutet bewußte oder ausdrückliche Einflußnahme auf sich selbst. Implizite Reflexion bedeutet unbewußte und nicht ausdrücklich kommunizierte Einflußnahme. So kommen wir zu einer vielsagenden Analogie zwischen Menschen (als psychischen Systemen) und Unternehmen (als sozialen Systemen): *So wie das Unbewußte recht weitgehend das Leben einer Person ausmacht und beeinflußt, so macht das nur implizit Kommunizierte weitgehend ein Unternehmen aus und beeinflußt es.*

Untersuchen wir das genauer, um zu sehen, was unter impliziter Kommunikation verstanden werden kann. In einer Führungscrew falle eine Entscheidung. Diese Entscheidung werde ausdrücklich von niemandem angefochten, allerdings schwebe die Äußerung eines Teilnehmers ungeklärt mit im Raum, der murmelte: »Es wird schon gutgehen.« Man kann sich lebhaft vorstellen, daß hierbei ›der Ton die Musik macht‹. Jedenfalls macht es einen Unterschied, ob überhaupt Zweifel in irgendeiner Form mitschwingen oder nicht, und es macht darüber hinaus einen Unterschied, ob Zweifel in einer offenen ausdrücklichen Form kommuniziert und abgearbeitet werden oder ob sie gewissermaßen verdrängt werden und im verborgenen Raum des Impliziten wirken. Jede dieser Möglichkeiten bildet je eigene Prämissen für den weiteren Gang des Geschehens.

Mit dieser Unterscheidung ist keine automatische Wertung verbunden. Vielmehr wäre die Vorstellung naiv, ein System könne implizite Kommunikation verhindern. Oder umgekehrt formuliert: Es gibt keine Kommunikation, die in einem strengen Sinn ›alles‹ sagt. Das ›Wichtige‹ muß immer genügen. Die genannte Unterscheidung (explizit/implizit) ist allerdings bei der Analyse konkreter Situationen hilfreich, und sie macht nachfolgende situationsbezogene Wertungen und Entscheidungen fundierter. Sie kann einer Unternehmung helfen, auf bedeutsame implizite Inhalte in der Kommunikation aufmerksam zu werden, sei es, um sich vor unguten Überraschungen zu schützen oder um verdeckte Ressourcen verfügbar zu machen. So wird insbesondere die strategische Überzeugung im Alltag meist nur implizit kommuniziert. Wenn man davon einen Begriff hat, dann kann man diesen Gedanken im Einzelfall nutzbringend in die Kommunikation einbringen.

So wie Kommunikation der Selbstreferenz bedarf, kann man mit Luhmann umgekehrt festellen: »Als interne Beobachtung (Selbstbeobachtung [des sozialen Systems]) kann nur gelten, was in den Kommunikationsprozessen des Systems zum Thema gemacht wird; denn das System ist sich selbst nur durch Kommunikation zugänglich.«[13] Damit wird darauf hingewiesen, daß ein Unternehmen als soziales System nur durch Kommunikation etwas über sich und die Umwelt erfährt, oder umgekehrt, was nicht kommuniziert wird, sei es implizit oder explizit, kann im System nicht relevant werden. Das Unternehmen kann nur auf das reagieren, was kommuniziert wurde.

Exkurs 7 – Panik auf der Titanic?

Die Feststellung, ein soziales System merke absolut nichts von der Welt, es sei denn, diese Welt werde Gegenstand von Kommunikation, ist weitreichend und verdient die Beschreibung anhand eines praktischen Beispiels. Legendär ist die Geschichte vom Untergang der Titanic. Das Schiff lief auf einen Eisberg zu, während das Leben an Bord munter einfach weiterging. Das soziale System an Bord eines Schiffes bleibt tatsächlich unberührt, *bis* ein drohendes Unheil oder bereits die Havarie irgendwo im System beginnend kommuniziert wird. An dieser immer wieder erzählten Geschichte fasziniert gerade der Umstand, wie sich ein soziales System unabhängig von der äußeren Realität in Selbstorganisation aufrechtzuerhalten vermag, solange nur das rein physische Unbeschadetsein den psychischen Systemen erlaubt, entsprechende Anschlußmöglichkeiten etwa für gesellige Festlichkeiten bereitzuhalten und zu realisieren. Kein soziales System ist vor solchen Ereignissen geschützt – es sei denn, es sorgt mit besonderen Verfahrensweisen speziell dafür, daß die Außenwelt systematisch beobachtet wird – *und* es muß darüber hinaus dafür gesorgt sein, daß die Ergebnisse dieser Beobachtung auch im System kommunikativ verarbeitet werden und dann in geeignete Reaktionen münden können.

Was ist mit diesem theoretischen Konzept bis hierher unter anderem gewonnen?

- Mit der Formulierung des Leitunterschieds – soziales System/Umwelt – kann weder das eine noch das andere in der Betrachtung vereinzelt aus dem Blick geraten.
- Ein soziales System wird nicht mehr personenzentriert aufgefaßt, sondern als gemeinsames Produkt aller beteiligten Personen, das mit *eigener* Dynamik zwischen diesen Personen entsteht.
- Kommunikation, Verstehen und Selbstreferenz können von einem sozialen System weder versäumt werden, noch müssen sie (voluntaristisch) aufgezwungen werden. *Jeweils steht nicht das ›Ob‹ praktisch und theoretisch in Frage, sondern das ›Wie‹ und ›Was‹.*

2.4 Vier zentrale Begriffe – Autopoiese, Interpenetration, Kontingenz und Komplexität

Die Skizze der Luhmannschen Theorie soll noch um vier Begriffe ergänzt werden, die ich teilweise ausdrücklich, teilweise implizit bereits verwendet habe. Diese vier Begriffe markieren den zentralen Unterschied zwischen der herkömmlichen einfach gedachten Rationalität eines linearen Zusammenhanges zwischen Ursache und Wirkung und dem modernen systemischen Denken.

Da ist einmal die von Maturana entlehnte *Autopoiese* lebender Systeme (griechisch: autós = selbst, poiein = erschaffen). Und damit ist auch schon das Wesentliche gesagt: Lebende Systeme werden nicht von außen gesteuert, sondern machen sich selbst. Es gibt keinen äußeren Zugriff auf innere Prozesse, so daß man von Selbstorganisation[14] sprechen kann. Lebende Systeme bewegen und verändern sich aus ihrer Eigendynamik heraus, erschaffen sich gewissermaßen in jedem Moment neu. Man kann beispielsweise einen Körper in Ketten legen, aber in dem Maße, wie dies nicht möglich ist, erfolgt die Steuerung des Menschen von innen. Dieser Gedanke hat sehr weitreichende Konsequenzen für den Umgang mit lebenden Systemen, seien es nun Unternehmen, also soziale Systeme, oder Mitarbeiter, die auch als psychische Systeme betrachtet werden können.

Das bedeutet nämlich, daß man ohne gutes Verständnis von der Eigendynamik dieser Systeme bei einer Einflußnahme mehr als nötig auf Zufall und Glück angewiesen ist. Und weiter müssen wir feststellen: Nirgendwo anders kann diese Eigendynamik besser erfahren und so auch verstanden werden als im System selbst. Also muß man eine Unternehmung von innen heraus für ein bestimmtes Vorgehen gewinnen. Gelingt dies nicht, dann sind nur suboptimale Ergebnisse möglich – oder Zerschlagung.

Ein weiterer zentraler Begriff ist *Interpenetration*, den Luhmann sehr ausführlich in seinen Arbeiten einführt und untersucht. »Im Falle von Penetration kann man beobachten, daß das Verhalten des penetrierenden Systems durch das aufnehmende System mitbestimmt wird (das eventuell außerhalb dieses Systems orientierungslos und erratisch abläuft wie das einer Ameise ohne Kontakt zum Ameisenhaufen). Im Falle von Interpenetration wirkt das aufnehmende System auch auf die Strukturbildung der penetrierenden Systeme zurück; es greift also doppelt, von außen und von innen, auf diese ein.«[15] Damit ist ausgesagt, daß Systeme nicht autonom sind, sondern von außen (von solchen Systemen, mit denen sie durch Penetration verbunden sind) mitbestimmt werden, bis hin zur inneren Strukturbildung.

Hier stoßen wir auf ein Phänomen, das auch als *strukturelle Koppelung* bezeichnet wird. So machen z.B. die Bienen was sie ›wollen‹: Sie entwickeln sich in ihrer Evolution ohne äußere Steuerung weiter, aber nur solange sie dabei mit einer Baum-, Busch- oder Blumenart erfolgreich kooperieren können, deren Pollen sie sammeln. In ähnlicher Weise macht der Einkauf, was er will, solange er mit der Fertigung und anderen Unternehmenseinheiten erfolgreich kooperiert. Auch ein Zulieferer macht, was er will, solange er auf diesem Weg erfolgreich mit Kunden kooperiert – *und umgekehrt*. Diese Notwendigkeit der Kooperation bildet im weiteren Prämissen der Evolution der beteiligten Systeme. Daraus ergibt sich eine Ko-Evolution, in der immer die Anschlußmöglichkeiten in den beteiligten Systemen entscheiden, ob die Kooperation fortgesetzt werden kann oder nicht. Das heißt aber auch, daß der Zwang zur Kooperation tief in lebende Systeme eingreift und bestimmte autopoietische Entwicklungen fordert oder umgekehrt verhindert. Die Kooperation wirkt sich folglich bis in die innere Strukturbildung aus.

Nun hat man natürlich ein Problem. Wie kann man beides zusammendenken – Autopoiese *und* Interpenetration? Wir haben eine ähnliche Schwierigkeit schon kennengelernt, als wir den widersprüchlichen Doppelcharakter von Licht ansprachen und die gleichzeitige Offenheit und Geschlossenheit von sozialen Systemen. Die beobachtbaren realen Systeme haben dieses Problem nicht, sie zeigen in ihrem Prozeß einfach unterschiedliche Phänomene und ›scheren‹ sich nicht darum, wie wir ihre widersprüchliche Daseinsweise (z. B. selbstbestimmt/abhängig) in der Beobachtung begrifflich und theoretisch ›auf die Reihe bekommen‹. Grundsätzlich sind unterschiedliche Möglichkeiten denkbar, mit denen man einen derartiger Widerspruch kommunikativ verarbeiten kann. Alle diese Möglichkeiten werden von Menschen seit jeher mal mehr, mal weniger genutzt und auch weiterentwickelt oder verfeinert. Die in gewissem Sinn einfachste Lösung ist, den Widerspruch zu ignorieren. Manche werden das vielleicht aus dem Physikunterricht kennen. Ohne viel Aufhebens oder gar Staunen wird einfach erst der Wellencharakter des Lichts vorgetragen, dann etwas später erfährt man ohne weiteren Zusammenhang, daß Lichtquanten über eine örtlich konzentrierte Masse verfügen. Diese Lösung ermöglicht es dem Denkenden, so dem Lehrer, seine Handlungsfähigkeit aufrechtzuerhalten und er kann einfach weiterdenken, als wäre ›nichts gewesen‹. Der Widerspruch wird auf diese Weise nicht explizit kommuniziert. Auf ähnliche Weise wird häufig auch das Fremdwort »Paradoxie« eingesetzt, mit dem man eventuell vermeiden kann, darauf aufmerksam zu machen, daß man über etwas spricht, das man selbst kaum versteht. Es gibt darüber hinaus mindestens noch eine dritte Möglichkeit, nämlich das von Hegel entwickelte Konzept der Dialektik, das ich explizit im Rahmen dieses Buches nur kurz und unkritisch erwähne[16], um Neugier zu wecken. Vereinfacht gesagt entwickelt Hegel ein Konzept, das es ermöglicht, in Widersprüchen zu denken, Widersprüche gar zu erwarten, danach zu suchen und Begriffe bereitzustellen, damit man darüber kommunizieren kann. Allerdings kann Hegel mit seinen Texten Luhmann leichtfüßig das Wasser reichen, was die »Zumutung für den Leser« angeht. So jedenfalls hat Luhmann selbst seine Texte einmal beschrieben[17].

Der dritte hier noch explizit angeführte Begriff ist *Kontingenz* – also »etwas, was weder notwendig noch unmöglich ist; was also so, wie es ist (war, sein, wird), sein kann, aber auch anders möglich ist«[18]. Vereinfacht formuliert Luhmann: Entweder so oder so. Er nähert sich damit dem essentiellen Moment von Evolution, das von einer anderen Seite kommend als »Prigoginesche Verzweigung« bekannt ist (s. Exkurs 8). Bei Prigogine/Nicolis heißt es: »Wir finden auf diese Weise eine tiefgehende Universalität. Sie gestattet uns die Behauptung, daß der Übergang zu Komplexität ganz eng mit der Abzweigung (Bifurkation) neuer Lösungszweige verbunden ist.«[19] Ein Entwicklungsast kann an bestimmten Punkten zwar nicht beliebig, aber doch in verschieden möglichen Zweigen weiterführen. Welche der Möglichkeiten gewählt wird, ist durchaus von der Vorgeschichte und der momentanen Umwelt abhängig, aber *ohne* eindeutige Kausalität – die weiteren Entwicklungsmöglichkeiten sind eben *kontingent*, sie sind also zueinander gleichwertig, man kann sie höchstens gemäß ihrer Wahrscheinlichkeit einstufen.

Exkurs 8 – Die Zukunft ist übersät mit Verzweigungen

Verzweigungsdiagramm

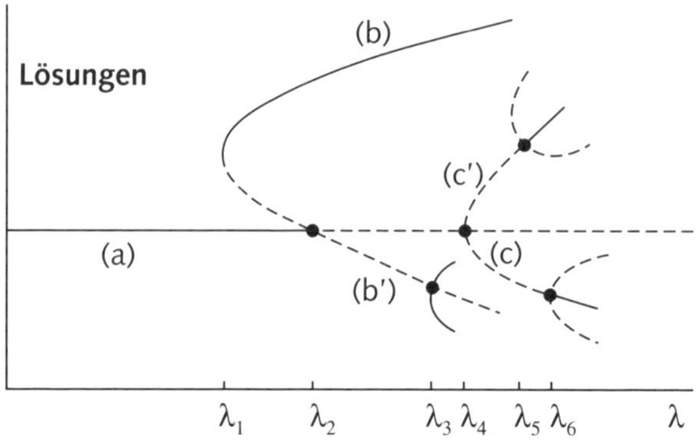

Bild-Quelle: Prigogine/Stengers, 1993, S. 169.

Das obenstehende Diagramm von Prigogine/Stengers zeigt eine ›Verzweigungskaskade‹. Die Entwicklungslinie a *kann* in b oder b‹ weiterführen, und so fort. Diese gleichrangig aufgefaßten Möglichkeiten eines Entweder-so-oder-so nennt Luhmann Kontingenz.

Kommen wir nun zur *Komplexität*, einem Begriff, der hier mit eigenständiger Bedeutung auftritt und gerade nicht als Synonym für Kompliziertheit zu verstehen ist. Hierzu führt Luhmann aus[20]: »Komplexität in diesem zweiten Sinne ist dann ein Maß für Unbestimmbarkeit oder für Mangel an Information. Komplexität ist, so gesehen, die Information, die dem System fehlt, um seine Umwelt (Umweltkomplexität) bzw. sich selbst (Systemkomplexität) vollständig erfassen und beschreiben zu können.« Und an anderer Stelle schreibt er: »Als komplex wollen wir eine zusammenhängende Menge von Elementen bezeichnen, wenn auf Grund immanenter Beschränkungen der Verknüpfungskapazität der Elemente nicht mehr jedes Element jederzeit mit jedem anderen verknüpft sein kann.« Somit bildet ein Haufen von Billardkugeln kein komplexes System im Sinn dieser Systemtheorie.

Der Begriff Komplexität schließt die drei vorgenannten in sich ein, und er kann durch folgende Kriterien definiert werden: Die Elemente und Zusammenhänge sind inhomogen, nichtlinear, selbstorganisierend (autopoietisch), mehrdeutig (kontingent) und ganzheitlich wechselwirkend. Auf diese Weise haben wir ›Komplexität‹ als einen präzisen Begriff gewonnen, mit dem wir eine bestimmte Unschärfe präzis beschreiben können.

Exkurs 9 – Ist H_2O einfach oder komplex?

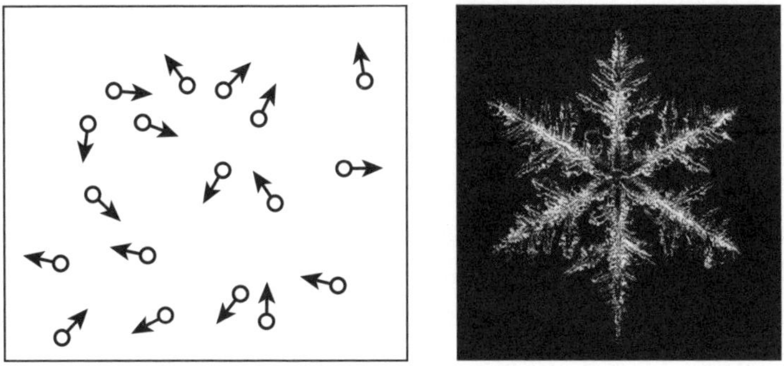

(a) (b)

Obiges Bild verdanken wir wieder Prigogine. Links sehen wir schematisch x-beliebige Wassermoleküle, nichts Besonderes also. Wird die Umwelt dieses Haufens stark abgekühlt, dann kann etwas geschehen, das man traditionell in ›toter Natur‹ nicht vermutet. Die weitere Entwicklung zeichnet sich durch Inhomogenitäten aus: Die Moleküle fangen an, sich selbst in Mustern zu organisieren, und bilden, ohne einen Schneeflocken-Architekten abzuwarten, in Selbstorganisation eine höchst eigentümliche Flocke, kontingent, mal so, mal so, immer wieder neu. Noch dazu wirken dabei, wie Prigogine sagt, ›langreichweitige Kräfte‹. Das entstehende Muster ist nämlich so, als wüßte jedes Molekül, was die anderen bereits getan haben. Damit erfüllt diese Entwicklung alle Kriterien, die ein komplexes Phänomen auszeichnet: inhomogen, nichtlinear, mehrdeutig, autopoietisch und ganzheitlich wechselwirkend.

Was hat nun die Belegschaft eines Unternehmens mit einem Haufen von Wassermolekülen in Winterluft gemeinsam? Vielleicht mehr, als man glauben möchte. Beide Systeme erfüllen je auf ihre Weise alle fünf Kriterien für ein komplexes Phänomen. Sie gleichen sich wie ein komplexes System dem anderen. Beide Systeme haben etwas gemeinsam, das sie von einfachen Systemen wie beispielsweise einer Menge Billardkugeln klar unterscheidet; denn das Verhalten von Billardkugeln kann mit eindeutigen mechanischen Wechselwirkungen beschrieben und erklärt werden. Wenn wir die Dynamik in Unternehmen annähernd verstehen und beeinflussen wollen, können wir dafür vom Verhalten von Wassermolekülen in Winterluft mehr lernen als von Billardkugeln. Die mentalen Modelle, die entstanden sind, um komplexe Naturphänomene zu beschreiben, sind hilfreich oder gewissermaßen eine Voraussetzung, um die Dynamik von Kommunikation im Unternehmen konzeptionell erfassen zu können.

Weiter unten werde ich darstellen, wie dieser systemische Ansatz mit seinen komplexen Begriffen durchaus praktische Möglichkeiten eröffnet, indem er zentrale Themen der Unternehmensführung, die gerade heute verstärkt diskutiert werden, in ihrer Komplexität neu zu reduzieren vermag. Das Ziel ist eine derartige Reduktion von Komplexität, eine kreative Vereinfachung also, die neue Handlungsoptionen eröffnet und erlaubt, strenggenommen unentscheidbare Entscheidungen auf neue Weise zu bearbeiten.

Exkurs 10 – Drei-Stufen-Modell für Zusammenhänge

1. Stufe – einfach

2. Stufe – kompliziert

3. Stufe – komplex

In den drei Bildern sind drei Modelle für drei begrifflich unterscheidbare Abstufungen von Qualitäten von Zusammenhängen dargestellt. In *Stufe 1* können wir noch einfache und eindeutige Ursache-Wirkungs-Zusammenhänge beobachten und auch praktisch handhaben; das ist eine Frage der Übung und Fertigkeit. *Stufe 2* ist Ergebnis einer rein quantitativen Vermehrung der Kugeln gegenüber 1. Dieses Modell ist zwar schwer zu überschauen, aber prinzipiell immer noch eindeutig und überdies für Menschen ein beliebter Zeitvertreib, für manche gar eine Profession. Es sind Rechenmodelle möglich, die eine Ursache *eindeutig* mit der Wirkung verknüpfen könnten. Das Meerschweinchen in *Stufe 3* steht abgesehen von der Komik für die Einführung eines autopoietischen Systems in einen eindeutigen Zusammenhang, wodurch wir komplexe Zusammenhänge erhalten. In Stufe 3 kann man die Ursache-Wirkungs-Beziehung nicht mehr eindeutig ausrechnen. Durch Verhaltensforschung könnten wir mögliche Entwicklungen identifizieren. Wir könnten vielleicht zusätzlich statistische Vorhersagen über die Häufigkeit von einzelnen Möglichkeiten herausfinden, vielleicht so: A. x Prozent der Meerschweinchen rennen, Kugeln wegstoßend, irgendwohin, und die Bewegung der Kugeln ist völlig ungewiß; B. x Prozent stellen sich tot; C. x Prozent übertreiben damit final; D. x Prozent greifen mit einem Sprung über die Kugeln den Spieler an usw. Jedenfalls wüßten wir für den konkreten Einzelfall wenig, und mehr Wissen und Sicherheit ist nicht gegeben, und mit bestimmten Überraschungen müßten wir folglich vorsichtshalber immer rechnen.

3 Probleme personenzentrierter Theorie-Ansätze

3.1 Mangel an Unterscheidungen

Zum Jahreswechsel 2004/2005 erregte der Führungswechsel in einem weltweit operierenden Unternehmen Aufsehen. Carly Fiorina (vormals Hewlett Packard), die etwa fünf Jahre lang als vielleicht erste Frau ein Unternehmen dieser Größenordnung geleitet hatte, wurde kurzfristig ihrer Aufgaben enthoben. Dieser Vorgang hat überrascht. Auch die nachfolgenden Begründungen und Erklärungen waren ungewöhnlich. In der *Computerwoche* konnte man die Verlautbarung des Vorstandes (des ›neunköpfigen Boards‹), vertreten durch den Finanzvorstand Robert Waymann, nachlesen: »..daß sich an der unter Fiorina eingeschlagenen Strategie des Unternehmens nichts ändern werde.«[1] Warum dann die Entlassung? Diese Frage bleibt gerade durch den Verweis auf die konstant gültige Firmenstrategie offen. Natürlich handelt es sich bei der Verlautbarung des Vorstandes um eine der sogenannten Sprachregelungen, mit denen man Einblicke in Interna vermeiden will. Andererseits soll mit diesen Sprachregelungen ein derartiges Ereignis nach innen und nach außen möglichst überzeugend kommuniziert und begründet werden. Unabhängig von vielleicht unbekannten ›eigentlichen‹ Gründen braucht man sicher keine Insiderkenntnisse, wenn man behauptet, daß ein traditionsreiches Unternehmen eine solche Entscheidung nur aus schwerwiegenden Gründen trifft. Schließlich sind allein die verursachten Kosten ganz erheblich, von den Irritationen im Unternehmen und dem Imageschaden ganz zu schweigen. Was können also derart gravierende Gründe sein, die in einem Fall von Führungsdissens nicht nutzbringend mit den heute gebräuchlichen *strategischen* Begriffen und Konzepten kommuniziert werden?

Weitere Äußerungen in der *Computerwoche* liefern dafür immerhin

Anhaltspunkte, so heißt es dort: »Fiorina habe mit dem viel beschworenen ›HP Way‹, der für ein fast familiäres Miteinander der HP-Angestellten stand, zu schnell und zu harsch aufgeräumt.« Und »Das Betriebsklima bei HP sei heute so schlecht, daß darunter ›die Produktivität und die Zufriedenheit der Beschäftigten leiden, was sich wiederum signifikant auf die Geschäftstätigkeit des Unternehmens auswirkt‹«. Also gibt es gravierende Gründe, die man aber schwer genauer beschreiben kann. Vor allen Dingen scheint es sich um Gründe zu handeln, die im Laufe der fünf Jahre vom Vorstand nicht wirkungsvoll präventiv bearbeitet und bereinigt werden konnten. Derartige Kündigungen sind Ausdruck der Tatsache, daß im Vorfeld eines tiefgreifenden Konflikts keine positiven Veränderungen erzielt werden konnten, und mit den herkömmlichen Konzepten von Kommunikation kann offenbar auch nicht schlüssig aufgeklärt werden, *wie* das Unternehmen eine solch ungünstige Entwicklung *systematisch* erkennen und vermeiden kann.

Das Unternehmen Hewlett-Packard wurde von einem Problem erschüttert, das nicht täglich aber schicksalhaft immer wieder in Unternehmen auftaucht, so als bewegten sich Unternehmen permanent in gefährlich unübersichtlichem Gelände wie Fußballspieler auf einem Minenfeld. Ab und zu fliegt jemand raus, prozeßsichere Vorwarnungen gibt es nicht. Das Zustandekommen solcher Ereignisse hat immer mit Kommunikation und mit Beziehungen zwischen Personen zu tun. Wenn dieses ›kommunikative Minenfeld‹ mit heute gängigen Vorstellungen nicht zufriedenstellend aufgeklärt und bearbeitet werden kann, dann lohnt es sich, diese Vorstellungen genauer zu hinterfragen.

Bei allen, die sich professionell zu Unternehmen äußern, besteht Einigkeit darüber, daß soziale Systeme nicht unabhängig von Personen entstehen können. Personenzentrierte Konzepte arbeiten darüber hinausgehend mit der These, die Personen seien genau diejenigen Elemente, aus denen sich das System zusammensetzt. Dieser Gedanke scheint naheliegend, und wir begegnen ihm überall. Auch die Wissenschaft stimmt ihm überwiegend zu (sofern wir die Luhmannsche Richtung außer Betracht lassen). Chris Argyris beispielsweise, der wohl meistzitierte Autor zum Thema ›lernende Organisation‹, hat die herkömmliche Systemauffassung präzise und knapp formuliert; er beschreibt »Organisationen als aus Individuen bestehende Gesamtheiten«[2]. Argyris war in den fünfziger Jahren einer der ersten, die nicht nur Personen sondern auch Organisationen als Adressaten für Lernprozesse bezeichneten. So gesehen ist er ein Wegbereiter des Denkens in Systemen, das Unternehmungen als etwas mit eigener Dynamik zwischen den Personen anspricht. Während Argyris die Theorie also qualitativ weiterentwickelt, hält er aber gleichzeitig noch am Kern der personenzentrierten Theorie fest.

In seinem Standardwerk »Die Lernende Organisation« heißt es: »Organisationen sind keine bloßen Ansammlungen von Individuen, und doch gibt es keine Organisation ohne derartige Ansammlungen. Das organisationale Handeln läßt sich nicht auf das Handeln einzelner reduzieren, nicht einmal auf das aller Einzelpersonen, aus denen die Organisation besteht, aber es gibt dennoch kein organisationales Handeln ohne individuelles Handeln. Wann macht es also Sinn zu sagen, daß eine Ansammlung einzelner eine Organisation bildet, die handelt?

Stellen wir uns einen ›Haufen‹ Studenten vor, die spontan gegen die finanziellen Fördermaßnahmen ihrer Universität protestieren. Ab wann hören sie auf, ein Haufen zu sein, und werden eine Organisation? Der Haufen ist eine Gesamtheit, eine Ansammlung von Menschen, die vielleicht rennen, schreien und gemeinsam herumlaufen. Aber es ist eine Gesamtheit, die nicht entscheiden oder im eigenen Namen handeln kann, und ihre Grenzen sind vage und verschwommen. Der Haufen wird erst dann einer Organisation ähnlich, wenn er drei Bedingungen erfüllt: Die einzelnen Angehörigen des Haufens müssen:

1. vereinbarte Maßnahmen ausdenken, um Entscheidungen im Namen der Gesamtheit treffen zu können.
2. einzelnen die Vollmacht geben, für die Gesamtheit zu handeln, und
3. Grenzen zwischen der Gesamtheit und der übrigen Welt festlegen.«[3]

Organisationen bestehen demnach aus Personen, sofern diese bestimmte Handlungen vollziehen, beginnend mit den Schritten 1 bis 3. Analysiert wird immer mit Blick auf Personen und darauf, wie sie handeln. Sie können entweder ›nicht-organisational‹ handeln, so daß nur ein Personenhaufen entsteht, oder sie können ›organisational‹ handeln, mit dem Ergebnis, daß immerhin etwas entsteht, das »einer Organisation ähnlich« ist. Bei diesen Überlegungen wird kaum von dem Geschehen abstrahiert, das man unmittelbar beobachten kann.

Mit diesem Konzept ist es recht schwierig, das, was organisational genannt wird, von Persönlichem zu unterscheiden. Das macht praktisch auch nichts aus, solange keine Probleme auftauchen. Sobald aber ein Konflikt die Geschlossenheit beeinträchtigt und die Organisation droht, einem ›Haufen‹ ähnlicher zu werden als einem Unternehmen, tendiert man mit diesem Konzept dazu, den Blick zunehmend gebannt auf einzelne Personen zu richten.

Der personenzentrierte Ansatz bleibt damit hinter den realen Entwicklungsfortschritten in der Praxis der Unternehmen zurück und kann sie nicht mehr gut vorantreiben. Die Situation wird von Autoren dieses Konzepts selbst als unbefriedigend empfunden. In diese Richtung äußert sich beispielsweise Harald Geißler, der sich in seinem Aufsatz »Vom Lernen in der Organisation zum Lernen der Organisation«[4] kritisch mit den Früchten des herkömmlichen Konzepts auseinandersetzt. Er geht dabei von den gleichen theoretischen Annahmen aus wie Argyris: »Lernen ist zunächst einmal eine Sache des einzelnen Individuums«, und »die sozialen Grundelemente einer jeden Organisation sind ihre Mitglieder«. Weiter heißt es: »Diese sich anbietenden Chancen müssen aber durch die Mitglieder der Gruppe konkret genutzt werden, indem sie ihr individuelles Steuerungspotential aktivieren und praktisch folgenreich in die Gruppe einbringen.« Die Mitglieder »*müssen*« – damit wird ein Appell als Ultima ratio aufgezeigt. Geißler beschreibt den Nutzen solch eines Appells etwa folgendermaßen: »Organisationales Lernen« ist »Resultat individueller Lernprozesse (...) einiger weniger Organisationsmitglieder«. Häufig aber führe solch individuelles Lernen zu nichts. Bei »glücklicher Konstellation« jedoch, die durch »sehr fähige Mitglieder« an den »strategischen Schaltstellen« gegeben sei, kann »das Steuerungspotential der Organisation außerordentlich stark (erhöht werden)«. »Diese ›glückliche‹ Konstellation ist selten zu finden«, stellt Geißler ernüchternd fest. Geißler formuliert den Status quo kritischer und konsequenter als andere. Allerdings kann man den Mangel an guten oder genutzten Chancen auch als ›hausgemacht‹ entdecken, und zwar gemacht unter wesentlicher Beteiligung des herkömmlichen Denkens. Mit einem Konzept, bei dem die Kommunikation nicht als ein eigensinniges Phänomen *zwischen* ebenfalls eigensinnigen Personen behandelt wird, bleibt erfolgreiche Kommunikation im Unternehmen mehr als unbedingt nötig dem Glück, also dem Zufall überlassen.

Manchmal entsteht durch das Charisma einzelner Personen oder durch glückliche Resonanz mehrerer Personen untereinander die optimale Effektivität der Kommunikation. Aber die Unternehmung kann nur gemäß dem Try-and-Error-Prinzip Personen einstellen und zusammenführen. Wenn man die Konsequenz aus dem personenzentrierten Ansatz etwas überspitzt formuliert, so steht zur Qualitätssicherung von Kommunikation nur eine sehr schlichte Methode zur Verfügung: Der Blindflug im Porzellanladen – man trennt sich, wenn es zu sehr scheppert.

Der personenzentrierte Denkansatz erschwert Unterscheidungen, die längst diskutiert werden und die auch schon geraume Zeit mehr oder weniger in die Unternehmenskommunikation Eingang gefunden haben. Zuerst ist da vielleicht die hilfreiche Unterscheidung zwischen Sachfragen einerseits und Beziehungsfragen andererseits zu nennen. Gleiches gilt ansatzweise auch für die Unterscheidung einer Person von ihrem Verhalten (Handeln). Mit diesem differenzierteren Denkansatz gelingt es tendenziell, daß man in der Sache hart streiten kann, ohne die Integrität einer Person angreifen zu müssen. Im gleichen Zusammenhang wächst auch das Verständnis dafür, daß Personen in ›unterschiedlichen Welten‹ leben und daß infolgedessen Mißverständnisse nicht darauf beruhen müssen, daß eine der beteiligten Personen ›Dummes‹, ›Falsches‹ oder gar ›Böses‹ denkt, sondern daß ausgehend von diesen verschiedenen Welten generell und unvermeidlich unterschiedliche Perspektiven und Wertungen entstehen. Die zentrale Unterscheidung zwischen den Personen und dem Kommunikationssystem als ihrem gemeinsamen Produkt ist im Gegensatz zu den genannten im Unternehmensalltag noch am wenigsten angekommen. All diese Unterscheidungen ermöglichen und fördern das wechselseitige Verstehen. Sie heben die Qualität der Kommunikation (Information – Mitteilung – Verstehen) auf ein höheres Niveau.

In der Praxis von Unternehmen zeigt sich noch eine recht unübersichtliche Gemengelage unterschiedlicher Tendenzen. Wir befinden uns in einer Übergangsphase, wie sie auch im Fußball eine Zeitlang herrschte. Bereits vor der Erfindung des Begriffs ›Spiel ohne Ball‹ gab es die Kommunikation der Spieler im Raum, und sie wurde mehr unbewußt als zielgerichtet von Anfang an genutzt. Ebensowenig warten Wirtschaftunternehmen untätig darauf, daß ihnen der Nutzen der Systemtheorie komplett ausgearbeitet und ›mundgerecht serviert‹ wird. Diese These kann mit einem einschlägigen Ausspruch des früheren Chrysler-Chefs Lee Iacocca belegt werden: »Business ist nichts anderes als ein Knäuel menschlicher Beziehungen.«[5] Das klingt wie eine populärwissenschaftliche Umschreibung der Luhmannschen Theorie. Von eigenen Erfahrungen ausgehend beginnen Unternehmen, einzelne der Konsequenzen und Einsichten zu praktizieren, die sich auch folgerichtig aus der Systemtheorie ergeben würden.

Gleichzeitig wirkt aber noch das ›alte‹ Gedankengut, und zwar gegenläufig und beharrend. Die Vorstellung, in erster Linie seien einzelne Personen durch ihre persönlichen Eigenschaften für die Problemerzeugung oder Lösung verantwortlich, erschwert im Alltag die Entstehung einer guten Beziehungsatmosphäre. Es braucht sich nur irgend etwas suboptimal zu entwickeln, und schon beginnt die Suche nach den vermeintlichen ›Verursachern‹. Der Fokus der Suche wird von Beginn an auf Personen gelegt und nicht auf die Prozesse zwischen ihnen. Eine personenunabhängige Betrachtung der konkreten Kommunikationen wird nicht mit Begriffen und Thesen initiiert und unterstützt. Die Vorstellungen im Bewußtsein der Beteiligten setzt in der Kommunikation dementsprechend eine Dynamik in Gang, die eine Bereinigung von Kommunikationsproblemen behindert. Beteiligte Personen beginnen zu überlegen, ›wer recht hat‹, beginnen sich Vorwürfe auszudenken und zu kommunizieren; die ›Gegenseite‹ arbeitet an Rechtfertigungen, möglichst zusammen mit Gegenvorwürfen, die Entlastung versprechen. Auf diese Weise wird nur selten eine haltbare Lösung erzielt, meist gibt es über Wochen, Monate oder gar Jahre keine ›endgültigen‹ Sieger oder Besiegte. Die Auseinandersetzung geht ein ums andere Mal in die Verlängerung. Der Konflikt wird chronisch, und jedes Arbeitsgespräch wird unter spürbarer Anspannung eher in Form eines Kräftemessens gestaltet. Bei jedem Zusammentreffen läuten die Personen untergründig immer die nächste Runde im Kampf um Vorwurf und Rechtfertigung ein, jede Sachdebatte versucht man als Bestätigung der persönlichen Position zu gestalten, und am Ende eines Gesprächs trennt man sich mit einer ›offenen Rechnung‹ – bis zum nächsten Mal.

Während die Beziehungen zunehmend feindseliger werden und sich die negativen Bilder voneinander verfestigen, wird dies zwar erlebt und gefühlsmäßig erlitten, selten hat jemand wirklich Freude daran, aber die folgenreiche Verschlechterung zeigt sich in keinem Diagramm, in keiner Tabelle und auf keinem Monitor.

Personen vermeiden in einer angespannten Lage meist intuitiv eine professionelle Vermittlung. Das hat zunächst gar nichts mit Charaktereigenschaften zu tun. Aus der Sicht von Personen, die sich als Kontrahenten erleben, erscheint es einfach als unklug, sich offenherzig fremder und unbekannter Hilfe anzuvertrauen. Man ist ja schließlich erwachsen und glaubt, so etwas nicht nötig haben zu dürfen. Zudem will man nicht unbedacht die Gegenseite stärken; vielleicht hat man auch Scheu, jemanden ›anzuschwärzen‹ oder ›angeschwärzt‹ zu werden, und auf keinen Fall will man das ›Heft aus der Hand geben‹. Diese Motivlage blockiert klärende Initiativen und man folgt einem schwer zu bestreitenden Argument – keine Zeit für *so etwas* –, bis es dann auf einmal zu spät ist, weil sich der chronische Konflikt plötzlich wie von höheren Mächten gesteuert explosionsartig verschärft. Das hat auch oft eine buchstäblich traurige Seite, nicht wenige, einst erfolgreiche Karrieren, finden auf diese Weise beim Generationswechsel ein für alle Beteiligten unrühmliches Ende. Jedenfalls wird in vielen Fällen, wenn überhaupt, erst dann ein Moderator hinzugezogen, wenn der kommunikative Scherbenhaufen irreparabel geworden ist und den Beteiligten keine erfreuliche Lösung mehr gelingen kann. Der Konflikt wird schließlich in einer hierarchischen Eskalation mit einem Machtwort von höherer Stelle beendet. Alle Personen erleben sich dabei mehr als Getriebene denn als kreative ›Herrn des Verfahrens‹.

Würde man das oben zitierte Konzept zur Schaffung einer lernfähigen Kommunikation durch einen Appell auf das Fußballspiel übertragen, so ergäbe sich eine Theorie mit Aussagen wie: »Die Spieler *müssen* ihre Chancen konkret nutzen, sie *müssen* ihre individuellen Fähigkeiten in den Spielaufbau einbringen – die Spieler müssen dies, die Spieler müssen jenes.« So erhält man einen immer weiter ausufernden Katalog von einzelnen Handlungsanweisungen, die für sich genommen durchaus nützlich sein mögen, aber wenn die Spieler nicht danach handeln, dann hat man offenbar die falschen eingekauft – oder den falschen Trainer. Man kann dann nichts anderes tun, als Personen entlassen und neue einstellen. *Mit Appellen allein wird man keine größere Idee entwickeln, die Menschen dazu befähigt, selbsttätig in einer kreativen Leistung eine konkrete Situation zu analysieren und herauszufinden, was zu tun ist.* Es ist mit den dargelegten Konzepten erst schemenhaft etwas entstanden (z. B. der Begriff ›organisational‹), das mit den Begriffen aus der Fußballwelt vergleichbar wäre und mit denen der moderne Fußball entstand, wie etwa: ›das Spiel ohne Ball‹ oder ›die ballorientierte Raumdeckung‹.

Die oben beschriebene aktuelle Dynamik in Unternehmen, die mit dem leicht starren Blick auf Personen beginnt, hat eine Tendenz zur Eskalation, oder man könnte auch sagen, sie hat eine totalitäre Tendenz, in der Schritt für Schritt – ein Wort gibt das andere – die gesamte Person je auf beiden Seiten schier grenzenlos in Frage gestellt wird.

Es ist nicht verwunderlich, daß sich jemand daranmachte, die Logik der personifizierten Konfliktaustragung, so wie sie in beträchtlichem

Umfang üblich ist, in ein ausdrückliches Konzept zu formulieren. Es ist der verständliche Versuch, aus der ›Not‹, sprich aus der Zuspitzung des Konflikts, eine positiv bewertete ›Tugend‹ zu machen (s. untenstehenden Exkurs).

Exkurs 11 – Management als Teufelsaustreibung

Personenzentrierte Theoriekonzepte leisten keinen Widerstand gegen Auswüchse beim Freund-Feind-Denken, ja mehr noch, sie laden dazu ein. Diese Behauptung kann mit einem Aufsatz belegt werden, der sich immerhin in dem Sammelband von Thomas Sattelberger befindet, des bekannten und vielzitierten Vordenkers moderner Personalentwicklung. Sattelberger hat dieses Buch im Jahr 1996 herausgegeben, mit dem Ziel einer »Standortbestimmung (...) betrieblicher Personalarbeit«[6]. Den fragmentarischen Auszügen sind Positionen aus der christlichen Mythologie gegenübergestellt, um die gedankliche Nähe des Textes zum religiösen Teufelsglauben deutlich werden zu lassen.

Wir setzen uns hier nicht mit abwegigen Vorstellungen auseinander, auch wenn im Unternehmen kaum jemand offen zu Formulierungen wie den zitierten greifen wird. Die Zitate entsprechen, wenn wir uns in zugespitzten Konflikten aufrichtig selbst beobachten, durchaus gängigen Gedanken, und so sind sie einer Untersuchung als selbstkritische Betrachtung allemal wert.

In der Gegenüberstellung zeigt sich eine auffallende Ähnlichkeit der beiden Denkfiguren. Lediglich die Wortwahl für die Protagonisten ist deutlich unterschiedlich – der Teufel und die Dämonen gegenüber SchweineHund und seine Spießgesellen. Eine »Erlösung«, also die Lösung gravierender Konflikte, wird »nur« vom »Tod des SchweineHunds« erwartet. Nun ist der Begriff »Tod« sicherlich als Metapher zu verstehen, aber wofür steht dieses Wort bildhaft, welches praktische Vorgehen soll hier assoziativ nahegelegt werden? Jedenfalls kann in einem Konflikt im Unternehmen mit Vokabeln wie ›Tod‹ des ›SchweineHunds‹ wohl kaum zur Versachlichung und Deeskalation beigetragen werden.

»Die Schallmauer in der Personal- und Organisationsentwicklung: Der SchweineHund und seine Spießgesellen«*

Wir arbeiten uns an einer Schallmauer ab, die sagt: »Bis hierher und kein Schritt weiter« (S. 185) ... »Was produziert und provoziert diese Reaktionsmuster?« (S. 186) »Was ist es denn, das da in unseren Organisationen – und damit auch in uns – so hartnäckig nur sich selbst ›verfolgt‹?« (S. 187)

Es gibt »archaische Kräfte« aus »ontologischer Angst« und »innerer Leere«. Es ist ein »Hybridwesen« dem ich »gezwungen war ... den Namen SchweineHund (SH)« zu geben. (S. 187)

»Der erfahrene SH findet ... neues Lustgebiet ... im Bereich der Macht und Machtergreifung in der raffinierten, manipulativen, dann immer selbstsüchtigeren, rücksichtsloseren und unversteckteren Beherrschung von Mensch und Natur«. (S. 195) »Mit Hilfe seiner Schnelligkeit und seiner Zähne kann er etwas machen, er ist nicht machtlos«. (S. 197) »Seit Adam und Eva ... hat sich ... daran nichts geändert. Nur die Technologien des SH sind raffinierter geworden«. (S. 200)

»Allerdings gelingt dies nur – so meine klare Überzeugung – durch den Tod des SH«. (S. 204) Der Arbeitsalltag »braucht Erlösung. Erst die schonungslose SH-Diagnose läßt deutlich werden, wie sehr wir erlösungsbedürftig sind«. (S. 223)

* Heijo Rieckmann in: Sattelberger, 1996b.

»Die Ursünde macht aus Luzifer den Satan und aus den mitgefallenen Engeln die Dämonen«**

»Wo immer im Alten Testament gesagt wird, daß jemand, Engel oder Mensch, zum Satan wird oder als solcher auftritt, soll durch Widerstand oder Widerstreit eine Maßnahme verhindert oder ein Status angefochten werden«. (*** S. 705)

»Der Teufelsglaube entspringt dem Erlebnis der vielfältigen Gefährdetheit der menschlichen Existenz als deren mythische Interpretation.« (*** S. 704)

»In Religionen dagegen, in denen man von existentiellem Unheil weiß, erscheint der Teufel als die personifizierte Repräsentation der jeweiligen Unheilsmacht«. (*** S. 704)

»Der Teufel kann dabei mit dem ›bösen Trieb‹ identifiziert werden ... Satan, der verführen, verklagen und verderben will (Jub I,20) wurde als typischer ›Schädiger‹ auch noch mit dem Todesengel gleichgesetzt«. (*** S. 706)

** Egon von Petersdorf (Päpstlicher Geheimkämmerer) – Daemonologie; München: Verlag f. Kultur und Geschichte, 1956 (S. 77).

*** Die Religion in Geschichte und Gegenwart, Handwörterbuch für Theologie und Religionswissenschaft; Tübingen, Bd. 6: J. C. B. Mohr, 1962.

Bedeutsam wird der Teufels-Gedanke, wenn man sich verdeutlicht, wie umstandslos man damit auf eine Theorie aufsetzen kann, die besagt, die bestimmenden Elemente von Organisationen seien Personen. Gerät man mit solcher Theorie gewappnet in den betrieblichen Alltag und trifft auf Widerstand, also auf das häufig genannte Umsetzungsproblem, dann wird eine Personifizierung des Problems wahrscheinlich; denn die Theorie kennt als Elemente des Systems nur Personen. Was sonst sollte in der Organisation von einem »Hybridwesen« bewohnt werden, was sonst sollte »SchweineHund« oder dessen »Spießgeselle« sein können und Widerstand leisten? Eine Verschärfung vorhandener Konflikte zwischen Personen ist somit kaum zu vermeiden und ist auch Alltagsrealität.

Die oben als personenzentriert charakterisierte und skizzierte Theorie hält die Verteufelung als Steigerung einer Personifizierung im Unternehmen anschlußfähig, hält Verteufelung damit immer latent gegenwärtig und beim Auftreten von Konflikten ist eine Eskalation und ein Umschlagen der Arbeitsbeziehungen in Streit-Beziehungen eine naheliegende Verlaufsform. Statt sachlich Probleme zu lösen, bekämpfen sich Mitarbeiter gegenseitig, ständig auf der Suche nach dem ›Teufel‹ oder ›Schweinehund‹, der im Affekt natürlich immer nur der Andere sein könnte. Die zugehörige Theorie ist somit für jedes Unternehmen enorm kostspielig, auch wenn diese Kosten in keiner Bilanz unmittelbar ausgewiesen werden können.

Daß äußerste Zuspitzungen der Konflikte im betrieblichen Alltag nicht noch viel häufiger sind, hat damit zu tun, daß das Handeln in sozialen Organisationen nicht mechanisch gleichgeschaltet auftreten kann. Die Komplexität sozialer Systeme bremst auch die Dynamik in ungute Richtungen (allerdings nicht immer ausreichend). Wem solche Hilfe des Zufalls nicht genug ist, der kann einen Wettbewerbsvorteil erringen.

3.2 Kritische Anmerkungen zum Rationalitäts-Paradigma

Die Systemtheorie von Luhmann stimmt mit dem Komplexitätsgedanken, wie er aus den modernen Naturwissenschaften erwachsen ist, in den Grundzügen überein. Im Kern geht es dabei um den Zusammenhang zwischen Ursache und Wirkung. Beide Konzepte verneinen im allgemeinen eine einfache lineare Beziehung, die in vielen Spezialfällen durchaus gegeben sein mag. Mit dieser These wird auch nicht bestritten, dass überhaupt Zusammenhänge beobachtet und untersucht werden können, nur als *eindeutig* werden sie mit einer komplexen Theorie eben nicht beschrieben.

Für die Diskussion der linearen Beziehung zwischen Ursache und Wirkung in Bezug auf betriebswirtschaftliche Themen wähle ich hier wieder beispielhaft eine Formulierung von Argyris, weil sie wohl die präziseste und kürzeste ist: »Wir haben uns dafür entschieden, dieses Wissen [Wissen bezüglich der Durchführung schwieriger Aufgaben] durch eine sogenannte Aktions- oder Handlungstheorie darzustellen (...) Die Aktionstheorie lautet in ihrer allgemeinen Form also: will man das Ergebnis E in der Situation S erreichen, muß man A durchführen«[7]. Personen könnten demnach herausfinden, welche Aktion A eindeutig zum gewünschten Ergebnis E in der Situation S führt. Man muß es nur ›richtig‹ machen, dann gibt es mit dieser ›Formel‹ keine ungewünschten Ergebnisse E'. Mit solch einer ›Aktionstheorie‹ wird die Welt, insbesondere die betriebswirtschaftliche Welt, als eine große Maschine gedacht, deren erfolgreiche Bedienung für normal Sterbliche vielleicht zu kompliziert sein mag. Aber sie kann gemäß dieser Vorstellung von ›den Wissenden‹ erfolgreich ›gesteuert‹ werden. Wahrscheinlich gehen die meisten Führungskräfte, und nicht nur diese, mit einem entsprechenden Anspruch alltäglich an ihre Arbeit.

Die Unternehmensrealität ist durchsetzt mit ›harten‹ und ›weichen‹ Themen. Eine Führungskraft, die viel mit ›harten Fakten‹ zu tun hat, macht die Erfahrung, daß es sich scheinbar immer lohnt, beharrlich nach objektiv aufklärbaren Sachverhalten zu suchen. Es ist dabei aber eher die

Ausnahme, daß sie vielleicht im Zusammenhang mit technischen Problemen die Grundlagen der Naturwissenschaften berührt, um auf diese Weise zu erfahren, wie auch das ›härteste‹ Thema wissenschaftlich nachprüfbar in ein ›weiches‹ übergeht und eine unbelehrbare Suche nach eindeutigen Lösungen *dann* nur noch von mangelndem Wissen zeugt. Wenn man nur tief genug die jeweiligen Voraussetzungen untersucht, löst sich auch in den Ingenieurwissenschaften die Eindeutigkeit auf und geht in Komplexität über. Das beginnt schon bei der Lebensdauer von Bauteilen. Eine Führungskraft, die derartige Übergänge noch nicht durchdenken mußte und folglich in vertrauter Manier nach eindeutigen Lösungen sucht, ist auf unveränderbare Mehrdeutigkeiten, nicht gut vorbereitet. Trifft sie darauf, so erlebt sie (und eventuell auch andere, z.B. Vorgesetzte) diese Unwägbarkeiten gemäß der Aktionstheorie als ihre persönliche Schwäche, als ihre persönliche Wissenslücke – ›*Sie weiß nicht, was man wissen könnte*‹. Wenn also eine Führungskraft, die noch an eine mechanistische Welt glaubt, auf ein Problem trifft, für das sie selbst keine eindeutige Lösung ausrechnen kann, dann neigt sie mit den herkömmlichen mentalen Modellen dazu, wenigstens einen Vorgesetzten oder einen Berater zu suchen, der einigermaßen glaubhaft behauptet, eine eindeutige Lösung zu kennen. *Ihr mentales Modell unterstützt sie nicht darin, auf ihr bereits vorhandenes Wissen und ihre Intuition zu vertrauen und davon auszugehen, daß auch keinem anderen in dieser Entscheidung letztlich mehr möglich* ist.

Die Erfolgswahrscheinlichkeit von strategischen Konzepten der Betriebswirtschaft sind nie in einem eindeutig objektivierbaren Sinn überprüfbar, und Entscheidungen über deren Qualität sind eben echte Entscheidungen mit dem Risiko einer Fehlentscheidung. Da mag aus dem Kontext heraus das eine Konzept vertrauenserweckender anmuten als das andere, aber meist liegt das nur daran, daß dem einen Konzept bereits andere vertraut haben und man nicht als Erster einsam vertrauen muß.

Mit der Wirkung einer Kosteneinsparung *allein auf die Kosten* verhält es sich anders. Reine Kosteneinsparungen lassen sich gegebenenfalls kurzfristig wie bei einem mechanischen Ursache-Wirkungs-Zusammenhang realisieren. *Dieses Phänomen fördert als permanente Vorspiegelung bei den beteiligten Personen den Glauben, man habe einen Hebel gefunden, mit dem ein Unternehmen wie eine Maschine zu steuern sei.* Man konzentriert sich also auf Kostensenkungen, denn damit kann man offenbar nichts verkehrt machen, erhält man doch kurzfristig nachprüfbare Zahlen. Für den wirtschaftlichen Bestand der Unternehmung sind ›durch die Kostenbrille‹ zunächst keine nachteiligen Folgen ersichtlich. Vielmehr wird man regelmäßig bestätigt, richtig gehandelt zu haben. Entstehen Monate oder gar Jahre später plötzlich immense Kosten beispielsweise durch Rückrufaktionen oder Verkaufseinbrüche, kann niemand einen rechnerisch eindeutigen Zusammenhang mit der ›Kostensenkung‹ herstellen. Folglich behalten die produktbezogenen Fachabteilungen nicht nur die ›schwächeren‹ Argumente – sondern auch die Probleme. Und das könnte so bleiben für immer, wäre da nicht die Kontingenz: ›Es geht auch anders‹. Der Wettbewerb bereitet (nur) im Laufe größerer Zeiträume dem mechanistischen Schein mit zunehmender Wahrscheinlichkeit ein Ende.

Reinhard Mohn sagte noch vor nicht allzu langer Zeit in einem Interview mit Klaus-Peter Siegloch[8], er sei eigentlich ganz froh, daß er mit seinen unkonventionellen Methoden von Wettbewerbern über Jahrzehnte als ›schwarzes Schaf‹ der Branche gehandelt worden wäre. Letztlich habe gerade dieser Umstand das Alleinstellungsmerkmal und damit den Wachstumsvorsprung seines Unternehmens die ganze Zeit über bewahrt. Das Unternehmen Bertelsmann unterschied sich nach dem Zweiten Weltkrieg wesentlich durch seinen Umgang mit dem ›weichen Sektor‹ im Unternehmen von seinen Wettbewerbern. Und der kontinuierliche Erfolg des Unternehmens Bertelsmann über lange Jahrzehnte hinweg erst beim Aufholen dann beim Überholen kann *heute* von niemandem bestritten werden.

Konklusion: Solange man nur mit harten Fakten operiert, bewegt man sich scheinbar in einer Welt von eindeutigen Sachzwängen und eröffnet damit in der komplexen Realität des Marktes Freiräume, Erfolgschancen *für andere*, die es verstehen, unbeweisbare Entscheidungen ausdrücklich zu wagen und Mitarbeiter wie Kunden damit zu überzeugen.

4 Die innere Umwelt sozialer Systeme

4.1 Kommunikation als Einheit aus Information, Mitteilung und Verstehen

Ein neues Verständnis sozialer Systeme kann neue Lösungen für die Führung eines Unternehmens aufzeigen, die mit dem herkömmlichen Rationalitätsdenken nur per Zufall aufgegriffen werden. Mit seiner Theorie sozialer Systeme hat Niklas Luhmann ein Konzept erarbeitet, das den Verlust des Glaubens an eine mechanistische Welt mehr als wettmachen kann.

Um weitere Grundzüge der Luhmannschen Theorie verständlich zu machen, sind Vereinfachungen weiterer Aspekte dieses Konzepts nützlich. So kann man sagen: Kommunikation ist das Prozessieren von Sinn[1]. Sie besteht aus *Einheiten, die jeweils Information, Mitteilung und Verstehen umfassen.* Erst wenn »der Inhalt der Kommunikation (die Information) als Prämisse eigenen Verhaltens«[2] übernommen wurde, ist der Sinn prozessiert und ein Kommunikationselement anschlußfähig abgeschlossen, und die Kommunikation kann davon ausgehend fortgesetzt werden. Aussetzer werden je nach Kontext toleriert.

Exkurs 12 – »Kommuniziert Ihr überhaupt?« – »Ja, flüchtig.«

Kommunikation ist naturgemäß flüchtig. Man kann sie nie unmittelbar beobachten. Nun könnte man einwenden, in schriftlicher Form sei Kommunikation sehr wohl festzuhalten. Stimmt das? Angenommen, Sie wären eine Führungskraft und gäben einem Mitarbeiter eine Anweisung, zur Sicherheit in schriftlicher Form. Hat mit dieser Handlung bereits Kommunikation stattgefunden? Niemand weiß das ›jetzt‹ schon. Erst wenn der Mitarbeiter etwas *beobachtbar tut*, das zeigt, daß er Ihre Anweisung verstanden und sich zu eigen gemacht hat, also strenggenommen *nach* der Kommunikation, erst dann können wir sagen, hier (also in der Vergangenheit) habe Kommunikation stattgefunden. Aber die Kommunikation selbst ist nie greifbar wie vielleicht ein Gewebe, nicht einmal wie ein Fluß. Mit dieser Überlegung gebe ich jedem Leser recht, den angesichts der benutzten Metaphern (›Gewebe‹, ›Fluß‹) ein Unbehagen beschleicht. Gleichwohl sind solche Metaphern nützlich; sie helfen uns dabei, uns über ›Dinge‹ zu verständigen, die keine Dinge sind und die nicht ohne weiteres gezeigt werden können – wie eben auch Kommunikation.

Verstehen hat nichts mit inhaltlichem Konsens zu tun. Man kann sich diesen zentralen Punkt leicht anhand eines Streits klarmachen, den man beobachtet oder sich nur vorstellt. Ein Streit besteht ebenfalls aus Einheiten von Information, Mitteilung und Verstehen. *Kein kommunikativer Streit kann auf Verstehen verzichten.*

Exkurs 13 – Konflikt im Sandkasten

Die meisten Menschen haben in der Kinderzeit eine grundlegende Lernphase mit konditional vorbereitenden Dialogen durchlaufen, die für eine theoretische Analyse wichtiges Anschauungsmaterial zum Verständnis von Kommunikation beisteuern kann.
Nehmen wir einen Vorfall aus dem Jahr 1957, der sich in einem Sandkasten in einer idyllischen Kleinstadt Süddeutschlands zugetragen haben soll. Eine elfengleiche 6-jährige Annerose, und ein etwas jüngerer Hans-Dieter spielen ›Vaterles und Mutterles‹. Trotz ihres zarten Alters haben die beiden bereits reflektiert, daß sie nicht wirklich Vater und Mutter sind, sondern nur so tun als ob (Selbstreferenz: Selbst-Konstitution, -Beobachtung und -Beschreibung), und es entspinnt sich folgender Dialog:
Hans-Dieter: »Der Vater tät sagen ›komm, wir geh'n in die Höhle, da ist ein Geheimnis‹, und dann tät die Mutter sagen ›auja, das ist eine gute Idee‹.«
Hans-Dieter beobachtet einen Moment abwartend Anneroses wortlose erste Reaktion (kommunikationswertige Handlung), erst dann verkündet der ›Vater‹ mit Eifer seinen Vorschlag, und die ›Mutter‹ stimmt erfreut zu. Annerose hat

gleich eine weiterführende Idee, die sie aber zunächst wiederum in einem kommunikativen Vorlauf testet, und so fort. Schier endlos lange, also vielleicht ein halbe Stunde, inszenieren die beiden Kinder ihre aufwendige Konversation. Sie bewältigen das Risiko einer normalen Kommunikation durch aufwendig vorgeschaltete Testschleifen. Man könnte geneigt sein, nur das Umständliche in dieser Vorgehensweise der Kinder lächelnd zu bemerken, aber dann hätte man weniger als die Kinder verstanden. Man hätte eine elementare Schwierigkeit menschlicher Interaktion quasi wieder vergessen, die Luhmann umfangreiche theoretische Analysen abnötigt und die er als »Doppelte Kontingenz«[3] bezeichnet: Das eigene vielfältig mögliche Verhalten, das der andere noch nicht kennt, ist von dessen vielfältig möglicher Reaktion abhängig, die man selbst noch nicht kennt. So gesehen ist es eine ›reife Leistung‹, wenn die kreative Weiterführung einer Kommunikation zwischen Vater und Mutter *erst von beiden ›freigegeben‹ werden muß, bevor in Echtzeit kommuniziert wird.* Man agiert erst, wenn man sich über die Folgen verständigt hat. Dieses qualitätssichernde Verhalten in einer Kommunikation zwischen Eheleuten kann für die Leser dieses Buches als vorbildlich verstanden werden, muß aber nicht. Schließlich haben wir gelernt zu vertrauen und zusätzlich in Sekundenbruchteilen im Mienen(vor)spiel zu zeigen und zu lesen, was in etwa zu erwarten ist. Bei unseren beiden Kindern verschwand jedoch auf einmal das grammatikalische Konditional und der Dialog geriet ohne Testläufe ziemlich explizit:
Hans-Dieter: »..eben doch, du blöde Kuh du blöde.«
Annerose: »Du Drecksau.«
Was war geschehen? Ein systemtheoretisch ungeschulter Beobachter könnte in dem neuen Wortwechsel der vorgeblichen Eheleute das Scheitern von Kommunikation diagnostizieren. Systemtheoretisch kommen wir aber zu einem ganz anderen Schluß. Annerose hatte sich zuvor strickt geweigert, einen der ›Mutter‹ vom ›Vater‹ zugedachten Satz in den Mund zu nehmen. Sie hatte ein ›Nein‹ kommuniziert. Im Verlauf der weiteren Auseinandersetzung teilte Hans-Dieter dann die Information – Du blöde Kuh – mit. Annerose ließ mit ihrer knappen Antwort keine Zweifel aufkommen, daß sie bestens verstanden hatte. Information, Mitteilung und Verstehen – alles, was Kommunikation ausmacht, ist vorhanden.

Jedenfalls kann man sich anhand des Dialogs zwischen Annerose und Hans-Dieter klarmachen, daß es für das Meta-Verständnis sehr praktisch ist, einen (verbalen) Konflikt als Fortsetzung von Kommunikation mit gegensätzlichen Inhalten zu verstehen. Auch Beschimpfungen halten die Kommunikation am Leben, während der Abbruch der Beziehung ein davon klar zu unterscheidendes Ereignis darstellt, das übrigens gar nicht so einfach zu bewerkstelligen ist, jedenfalls funktioniert auch das nur gemeinsam.

Die systemische Begrifflichkeit bewährt sich gerade auch im Konflikt und erstreckt sich über die gesamte Kommunikation unabhängig von den kommunizierten Inhalten, unabhängig von Harmonie oder Konflikt und vor allem *zunächst* unabhängig von einer Bewertung dieser Inhalte.

Annerose und Hans-Dieter waren sich des Risikos in ihrem anspruchsvollen kommunikativen Vorhaben offensichtlich intuitiv bewußt, aber irgendwann landeten sie doch vor der Klippe, die sie vermeiden wollten – ein ›Nein‹ tauchte in ihrer Kommunikation auf. Was jetzt tun? Hans-Dieter ließ in seinem spontanen Lösungsversuch alle systemtheoretischen Einsichten vermissen, er wurde persönlich, und das Verhängnis nahm seinen Lauf mit herkömmlicher personenzentrierter Logik, die besagt: Soziale Systeme bestehen aus Personen und diese müssen ihre Gespräche kontrollieren wie ein Getriebe. Wenn also eine Gesprächspartnerin deinen wohlüberlegten Vorschlag ablehnt, dann bedroht sie deine Kontrolle über das Gespräch/Getriebe; jetzt mußt du Stärke zeigen; so lange du das Wort hast, hast du auch die Kontrolle; nutze sie, um die Worte der anderen Person zu entkräften, und das gelingt am wirkungsvollsten, wenn du die ganze Person entkräftest. Die Getriebe-Logik verführt dazu, im Konflikt unbedingt stärker sein zu wollen. Daraus erwächst ein Teufelskreis aus verbaler oder gar weiterer Eskalation.

So kann man mit nüchterner Analyse dahin gelangen, diesen Vorfall im Sandkasten als idealtypisches Beispiel einer Konflikt-Kommunikation zu betrachten, und ich hätte genau so gut eine Vorstands- oder Abteilungsleiterbesprechung wählen können, aber dann hätten wir die bemerkenswerten Testschleifen nicht erinnert, und manch ein Leser könnte sich besonders angesprochen fühlen, während jetzt eher klar ist, daß niemand ausgenommen werden soll.

Im übrigen könnte man mit Annerose und Hans-Dieter zeigen, daß ein Konflikt keineswegs zum Abbruch von Kommunikation führen muß, ganz im Gegenteil kann er sich als ein ›reinigendes Gewitter‹ erweisen, das unvergleichlich belebt – aber das wäre eine andere Geschichte.

4.2 Ein klassisches ›Umsetzungsproblem‹

Eine der am häufigsten diskutierten Schwierigkeiten in Unternehmen ist das sogenannte Umsetzungsproblem. Den Ausgangspunkt liefert meist ein Beschluß von einer Leitungsebene, und die Unternehmung hält sich nicht daran, zumindest nicht so umfassend wie gewünscht. Erfahrungsgemäß ist die richtige Fragestellung der optimale Einstieg in eine Lösung. Mit dieser Überlegung kann man die Fragestellung – Wie löst man Umsetzungsprobleme? – als Teil oder gar als Quelle des Problems entdecken. Um diese Behauptung zu untersuchen wähle ich ein fiktives Beispiel, das sich aber vom Prinzip her in jedem heute existierenden Unternehmen genauso oder ähnlich ereignen könnte: Ein Automobilhersteller befinde sich in einer Situation abnehmender finanzieller Ressourcen. Im Vorstand des Unternehmens wird nun hart über die Frage diskutiert, ob man sich weiterhin auf bestimmte Marktsegmente beschränken solle oder ob man es mit hohen Investitionen wagen müsse, in neue Marktsegmente zu expandieren. Schließlich entscheidet man sich für den Expansionskurs.

Im weiteren Gang der Ereignisse stellt der Vorstand mit wachsender Besorgnis und auch Verärgerung fest, daß er seiner Entscheidung in einem aufreibenden Kampf immer wieder neu Geltung verschaffen muß – scheinbar ein typisches Umsetzungsproblem. »Die Leute ziehen nicht mit«, »dauernd muß man sich mit Bedenkenträgern auseinandersetzen«, sind nun häufig gehörte Formulierungen. Und bei der Entwicklung der neuen Modellreihen gerät das Unternehmen tatsächlich von einer Schwierigkeit in die nächste.

Exkurs 14 – Wirkungsgrad 10 Prozent

»Das amerikanische Magazin Fortune berichtete kürzlich, daß weniger als 10 Prozent der formulierten Strategien auch tatsächlich umgesetzt werden: ein ernüchternder Befund. Tatsächlich ist die Umsetzung von Veränderungsstrategien weit mühsamer als die kreative Entwicklung einer strategischen Neupositionierung.« (Wimmer/Nagel, 2002, S. 313.) Ich bezweifle zwar, daß man solch eine Umsetzungsrate in Prozentpunkten genauer berechnen kann, aber selbst eine doppelt oder dreimal so hohe Quote wäre bedenklich genug.

Falls in unserem fiktiven Unternehmen der Vorstand davon ausgeht, daß er unbedingt recht hat, denn schließlich hat er die Entscheidung mit all seiner Qualifikation und in aufwendiger Abwägung vor allem in Hinblick auf den Markt getroffen, dann kann der Mißerfolg nach herkömmlichem Denken nur noch von den anderen ›Elementen‹ des Systems, also von einzelnen Mitarbeitern oder Gruppen im Unternehmen verursacht worden sein. Eine solche Vorstellung führt dann vielleicht geradewegs zu Gedanken, daß es einen teufelsgleichen ›inneren Schweinehund‹ im Unternehmen zu besiegen gelte (vgl. Exkurs 11).

Untergeordnete Mitarbeiter, die sich ebenfalls aufgefordert sehen, Personen als Ursache der Probleme zu finden, werden dann höchstwahrscheinlich ihre Führung als Kern des Übels identifizieren. In der Folgezeit werden in der Kommunikation des Unternehmens immer häufiger Formulierungen zu hören sein wie: »Der Fisch stinkt vom Kopfe«, oder: »Die Treppe wird von oben nach unten gekehrt.« Das braucht niemanden zu wundern, schließlich wird die Belegschaft auf ähnliche Weise von der Vorstellung einer Getriebe-Kommunikation im Unternehmen beherrscht wie die Führungscrew.

Nun läßt sich unschwer vorhersagen, daß die Konfliktlinien zwischen den Personen sich eher noch verschärfen statt abschwächen werden und daß die Reibungsverluste im Unternehmen im selben Verhältnis zunehmen werden. Solche destruktiven Entwicklungen werden im Unternehmen wahrscheinlicher, wenn die Kommunikation von der Auffassung geprägt ist, daß eben Personen den Lauf der Ereignisse im Unternehmen steuern bzw. steuern könnten.

Mit Luhmann kann man hingegen feststellen, daß das Unternehmen offenbar eine Entscheidung getroffen hat (mag sie in bezug auf die *äußere* Umwelt richtig gewesen sein oder nicht), die, so wie sie getroffen wurde, *nach innen* nicht ausreichend Anschluß gefunden hat. Mit systemischer Begrifflichkeit kann man sagen, das sei kein Umsetzungsproblem, sondern ein Problem von Anschlußfähigkeit der Firmenstrategie in der gesamten Belegschaft. Und dieses Problem ist in chronischer Form genauso ruinös für ein Unternehmen wie die Entscheidung für Produkte, die niemand haben will.

Exkurs 15 – ›Anschlußfähigkeit‹ ganz praktisch

In einer kleinen Geschichte ist die Anschlußproblematik bezüglich Umwelt sehr schön beschrieben: Ein tatkräftiger Bauer beschließt nach reiflicher Überlegung, seine ganzen Ersparnisse in eine Schweinezucht zu investieren – gesagt, getan. Kaum ist aber die neue Investition umgesetzt, bricht der Deich eines nahegelegenen Flusses, und der ganze Hof steht meterhoch unter Wasser. Der Bauer hat sich mit seiner Frau auf das Dach retten können, und so müssen beide hilflos dem Untergang ihrer Zukunftsinvestition zusehen. Nach einer Weile murmelt der Bauer zu seiner Frau: »Enten hätten wir kaufen sollen.«

4.3 Anschlußfähigkeit der Kommunikation nach außen *und* nach innen

Wenn man mit Luhmanns komplexer Theorie analysiert, reflektiert man die Aufgabe der Kooperation mit der äußeren Umwelt als gleichrangig neben der Aufgabe der Kooperation mit den inneren Umwelten (hin zu den Personen, den psychischen Systemen). Zum anderen wird damit die Aufgabenstellung für eine Lösungsuche anders konzipiert. Jetzt sucht man nach der Lösung eines *Anschlußproblems,* das sich zwischen verschiedenen eigenständigen Systemen an deren Grenzen zueinander, also an den Grenzen soziales System/psychische Systeme, befindet. Das soziale System wird gewissermaßen noch dazwischengeschaltet, zwischen die Personen.

Die ›alte‹ Vokabel – ›Umsetzungsproblem‹ – enthält als implizite Prämisse: Der einmal gefaßte Entschluß etwa über eine Expansion in neue Marktsegmente sei nicht zu hinterfragen, auch nicht in der Art, *wie* er gefaßt wurde. Damit werden aber die Bereiche, in denen nach Lösungen gesucht wird, eingeschränkt, und zwar auf eine Weise, die mit den möglichen Schwachstellen nur zufällig zu tun hat. Demgegenüber ist ein ›Anschlußproblem‹ nach *beiden* Seiten hin offen, also ohne eingeprägtes Vorurteil.

Soziale Systeme sind nach Luhmann autopoietisch, das heißt, sie machen sich selbst und werden nicht etwa von Personen in einem mechanischen Sinn gesteuert. Damit ist nicht gesagt, daß das konkrete Dasein der Personen ohne Bedeutung für die Entwicklung des entstehenden Systems wäre. Vielmehr kann ein soziales System ja aus nichts anderem bestehen als aus den Beiträgen der konkreten Mitglieder innerhalb der von ihnen geschaffenen Strukturen. Aber – und das ist ein Kernpunkt des systemischen Ansatzes, zwischen dem realen Lebensprozeß der Unternehmung und den einzelnen Lebensäußerungen der Personen gibt es keine linear-kausalen Verbindungen. Es gibt nicht so etwas wie ein Gestänge zwischen den Personen und ihrem gemeinschaftlichen Produkt – dem jeweiligen sozialen System.

Mit systemischer Begrifflichkeit herrschen auch in der Theorie andere, komplexere Zusammenhänge, als man sie sich unter einem Gestänge vorzustellen hat. Im Deutschen kennen wir eine Formulierung, die ausdrückt, was Personen tun oder tun können, um auf das soziale System Einfluß zu nehmen: ›Man wirft etwas in die Debatte‹, und das kann dann als Vorlage für den weiteren Gang der Ereignisse verwendet werden. Wie es ›ankommt‹, hängt davon ab, inwieweit es an bereits *vorhandene Dynamik* direkt Anschluß findet oder mittelbar durch eine *potentielle*

Dynamik eines anderen Teilnehmers, der sich vielleicht veranlaßt sieht, einen ganz neuen, daran anschließenden und weiterführenden Beitrag beizusteuern. Keine Person hat einen *unmittelbar steuernden* Einfluß auf das Geschehen. Der faszinierende Vorgang, inwieweit die ganze Organisation von dem, was besprochen oder entschieden wurde, anschließend bis in alle Gliederungen bewegt wird, kann mit der Logik eines Gestänges gerade nicht beschrieben werden. Das Verdienst der Luhmannschen Theoriebemühungen besteht darin, ein Umdenken zu fördern, nämlich daß die Personen die Vorstellung aufgeben, sie könnten oder müßten den Verlauf der Kommunikation etwa gemäß einer schlichten ›Aktionstheorie‹ steuern.

Mit der systemischen Theorie sind uns herkömmliche Vereinfachungen genommen oder unwahrscheinlicher geworden, wie namentlich die Personifizierung von Problemen. Die Systemtheorie bietet eine andere Vereinfachung, eine andere Verringerung von Komplexität an. Das Unternehmen als autopoietisches System überlebt in dem Maße, wie es einerseits nach außen Anschlußfähigkeiten als Potentiale entwickelt, die an seiner Grenze zur äußeren Umwelt realisiert werden können, *und* in dem Maße, wie es andererseits Anschlußfähigkeiten als Potentiale nach innen entwickelt, die an seinen Grenzen zu den Personen als innere Umwelt realisiert werden können. In anderen Worten beschreiben auch Hinterhuber/Handlbauer/Matzler genau dieses Problem: »In turbulenten Zeiten wird jede Strategie von zwei Seiten bedroht (...): einmal durch die Diskontinuitäten und Überraschungen der Umwelt und zweitens durch (...) Selbstzufriedenheit der Unternehmensmitglieder.«[4]

Zur weiteren Klärung der Anschlußprobleme an der Grenze soziales System/Umwelt, werde ich im folgenden das Thema mit zwei Argumenten von vielleicht ungewohnter Seite beleuchten.

4.4 Zwei Versuche, Steuerungsfähigkeit zu erzwingen

Der Rationalitätsmythos verheißt Sicherheit und Planbarkeit. In der Vergangenheit haben Menschen durchaus schon den verständlichen Versuch unternommen, das äußere Chaos, die äußere Umwelt für Wirtschaftsorganisationen, also den Markt inklusive Arbeitsmarkt, in eine maschinenhafte Planbarkeit zu zwingen. Sie stützten sich dabei auf eine Theorie des ›Wissenschaftlichen Sozialismus‹. Das historische Scheitern dieser Versuche erleben wir etwa seit dem Ersten Weltkrieg. Es scheint klüger zu sein, das relative Chaos des Marktes mehr als Herausforderung zu begreifen, denn als etwas Feindliches, das man strikt in Ketten legen sollte.

Auch gegenüber der inneren Umwelt sozialer Systeme kennt die Geschichte Versuche, das Problem des relativen Chaos dadurch zu lösen, daß man das Chaos in eine linear steuerbare Ordnung zwingt. Man legte Menschen im Rumpf eines Schiffes in Ketten. Damit waren diese Menschen zumindest ortsfest. Dann peitschte man sie. Wenn sie ruderten, peitschte man etwas weniger, wenn sie nicht ruderten, etwas mehr. Der ›Kommunikationswert‹ dieser Handlung genügte. Mit derartiger Gewaltausübung konnten Höchstleistungen erzielt werden, die uns Respekt abringen. Und für Jahrhunderte galt: Wer übers große Meer fahren wollte, brauchte Galeerensträflinge. Aber im weiteren Gang der Geschichte wurden derartige soziale Systeme immer weniger *anschlußfähig*, und zwar hinsichtlich der inneren Umwelten wie auch hinsichtlich der äußeren Umwelt, der Gesellschaft. Solche Systeme starben weitgehend aus[5].

Welchem Zweck dienten die Ketten, wenn wir es einmal nüchtern systemisch betrachten? Wenn wir abstrakt die soziale Organisation untersuchen so hatten die Fesseln den Zweck, Autopoiese zu verhindern oder einzuschränken. Anders gesagt, durch Anketten und Peitschen hat die Unternehmung – Überseefahrt mittels Sklavengaleere – versucht, sich vor den Problemen zuschützten, die heute Wirtschaftsunternehmen *auf andere Weise* bewältigen müssen. Was damals mit Einschränkung verhindert wurde, findet heute statt: Jeder macht, was er *will.* Systemisch gesehen hat sich nichts geändert, außer, daß in den beteiligten Personen und in der Umwelt anderes als damals anschlußfähig ist, und diese Anschlußfähigkeiten entscheiden darüber, was möglich oder wahrscheinlich ist. Allerdings dürfen besagte Anschlußfähigkeiten nicht als ein starres Set von Steckern aufgefaßt werden, sondern es geht dabei um dynamische, also historische Vorgänge.

4.5 Die Unternehmung als fließendes Gewebe

Die Entwicklung eines sozialen Systems ist nichts anderes als die Entwicklung und damit Veränderung der Kommunikationen und deren Relationen durch das System selbst. Jegliche Bewegung oder Veränderung im System geht auf Kommunikation, Selbst- und Umweltbeobachtung zurück. All dies ist für kein soziales System in dieser allgemeinen Weise ein Problem, denn es tut dies ohnehin, unabhängig davon, ob dieser essentielle Aspekt seiner Existenz im System ausdrücklich kommuniziert wird oder nicht. Vielmehr können wir all dies jetzt voraussetzen. Um darüber hinausgehende Entwicklungsmöglichkeiten aufzeigen zu können, müssen wir konzeptionell mehr erarbeiten als die Grundoperationen zu benennen. Hinsichtlich des reinen Vorhandenseins der gerade ausgeführten Grundoperationen in sozialen Systemen gibt es also keinen Unterschied zwischen beispielsweise einer Fußballmannschaft und der Belegschaft eines Unternehmens; beide sind soziale Systeme. So abstrakt kann man auch eine ›bessere‹ Mannschaft nicht von einer ›schlechteren‹ unterscheiden. Dies kann erst gelingen, wenn man darüber hinausgehend konkret untersucht, was kommuniziert wird und wie es kommuniziert wird, was alles Gegenstand von Selbstbeobachtung ist und wie die Selbstbeobachtung durchgeführt wird und welche selbstverändernden Schlußfolgerungen gezogen werden.

Nun ergibt sich in einer ersten Näherung, daß diejenige Unternehmung, die mehr beobachtet, die selbst-bewußter ist, dem Wettbewerber überlegen ist. Aber schlichtes ›mehr Wissen‹ ist als Kriterium nicht geeignet, zumal man ja nicht durch Selbstbeobachten Geld verdient, sondern durch Produzieren und Verkaufen.

Die Aufgabe ist komplex und kann abstrakt wie folgt analysiert werden: Kommunizieren bedeutet selektieren, bedeutet, eine bestimmte Auswahl zu treffen. Man kann nicht etwas Bestimmtes kommunizieren, ohne gleichzeitig anderes zu verschweigen. Diese Feststellung mag spitzfindig erscheinen, gleichwohl ist damit die Begrenztheit jeder Kommunikation aufgezeigt. Beobachten, Kommunizieren, ja noch viel allgemeiner: Sinn-bilden sind prinzipiell und unvermeidlich auswählende Tätigkeiten oder Vorgänge. Sie funktionieren allesamt ausschließlich als Selektion. Zudem verändert sich die System/Umwelt-Differenz während der Kommunikation, so daß jeder Kommunikationswert nur innerhalb eines spezifischen Zeitfensters seinen Sinn behält. So kann man sagen: Wahrnehmen, empfinden, reflektieren oder auch kommunizieren heißt sich beschränken. Die einzig relevante Frage lautet: *Auf was beschränke und konzentriere ich mich jetzt?*

Wenn man mit diesen Einsichten leben lernt, kann einen das fehlende Allwissen nicht mehr schrecken; denn das ist nur normal, und man kann sich nun darauf konzentrieren, bestimmte Dinge auszuwählen, die für erfolgreiche Schritte nützlich sind. Hier bietet sich wieder der Vergleich mit dem Fußball an. Ein Spieler kann nicht alles auf dem Platz gleichzeitig sehen, aber er kann lernen, überdurchschnittlich oft entscheidende Bewegungen zu antizipieren, um dann optimal daran anschließen zu können. Dafür muß er Prioritäten setzen und damit greift das, was man die taktische oder strategische Ausrichtung für einen Wettkampf nennt – oder konkreter: die beispielsweise offensive oder defensive Grundausrichtung der ganzen Mannschaft beeinflußt deren Wahrnehmung und Aktivität. Die irgendwie geartete Ausrichtung einer Mannschaft orientiert die Wahrnehmung der Personen sowie auch deren Einzelentscheidungen und Handlungen an jeweils unterschiedlichen Tendenzen. Die Auswahl dessen, was aus dem Möglichkeitsraum realisiert wird, unterliegt in jedem Moment von Kommunikation eben einer Prioritätensetzung (z. B. Offensive oder Defensive), sie wirkt als Tendenz und wird beobachtbar explizit oder implizit mitkommuniziert.

Nun kann aber nur das Gegenstand von Prioritätensetzung sein, was für die Kommunikation überhaupt verfügbar ist. Hier sind die berühmten ›blinden Flecken‹ angesprochen, die mit etwas anderer Perspektive auch ›Betriebsblindheit‹ genannt werden.

Was in den obigen Abschnitten eher abstrakt gefaßt wurde, läßt sich als ein unüberschaubarer Fluß des Unternehmens beschreiben, der aus Kommunikationen und kommunikationswertigen Handlungen besteht. *Dieser Fluß steuert sich selbst*, ohne daß etwas in seiner Umwelt gegeben wäre, das die Metapher ›Flußbett‹ rechtfertigen könnte. Vielmehr kann die Umwelt auch nur durch Kommunikationen und kommunikationswertige Handlungen in der Unternehmung Aufnahme finden (vgl. Exkurs 7 – Panik auf der Titanic?).

Das Unternehmen kann die Fülle seiner Kommunikationsprozesse bewußt so organisieren, daß auf diese Weise die wichtigen Entwicklungen mit hoher Wahrscheinlichkeit rasch in den Fokus kommen. Diese Aufgabe kann mit Kommunikationsschleifen bewältigt werden, die man mit regulären Verfahrensweisen organisiert und in denen verschiedenste, auch ambivalente Anschlußmöglichkeiten behandelt werden können. Mit einer Metapher kann man sagen: Es geht um Anschlußmöglichkeiten in der Kommunikation, die vom Kommunikationsnetz erst aufgewirbelt und dann eingefangen werden können.

Das neue Selbstverständnis in der Kommunikation, das einer neuen Evolutionwelle entspricht, kann man bereits beobachten, zumindest ansatzweise oder unbewußt ist es bereits Realität, in manchen Unternehmen mehr als in anderen. Es braucht also im Grundsatz nicht erst von Beratern oder anderen ›Außerirdischen‹ herein gebracht zu werden. Wir können auch sagen: Es ist längst anschlußfähig.

Für die Kommunikation im Unternehmen kann man folgende Ziele formulieren:

1. Möglichst alle Informationen, die irgendwo im System Nutzen stiften können, müssen dort ankommen. Wobei dieser Nutzen tendenziell erst als Nutzen erkennbar wird, wenn er eingetreten ist.
2. Kommunikationen, die keinen Nutzen stiften, stellen zumindest eine Vergeudung der Ressourcen des Systems dar. Sie engen das ohnehin begrenzte Kommunikationsvolumen weiter ein. Wobei die Vergeudung tendenziell erst beobachtet werden kann, wenn der Nutzen ausgeblieben oder der Schaden eingetreten ist.

Ein komplexer Lösungsansatz hat bei den unvermeidlich entstehenden Zielkonflikten den Vorteil, in sich bereits Mehrdeutigkeit, Unvollkommenheit und Widersprüchlichkeit zu integrieren. Und wenn die Kommunikation mit Mehrdeutigkeit, Unvollkommenheit und Widersprüchlichkeit konfrontiert wird, können diese Probleme mit bereits vorhandenen Begriffen und Denkfiguren widerstandslos kommuniziert werden. *Die komplexe Denkweise bildet mit ihren Begriffen virulente Anschlußmöglichkeiten im System für komplexe Probleme und mögliche Lösungen. Wenn man in Tendenzen denkt und kommuniziert, kann man auf (zufällige) ›Schwarz–Weiß‹-Ereignisse flexibler reagieren, ohne die eigene Grundrichtung ständig umwerfen zu müssen.*

Nun kann man sich leicht klarmachen, daß die Fülle an innerer Kommunikation sowie die Fülle an Kommunikationsangeboten aus der inneren und äußeren Umwelt des sozialen Systems nur im System aufgenommen und verarbeitet werden kann, wenn das System sich selbst als ein *dichtes, die gesamte Organisation umfassendes, immer übergreifendes Gewebe reflexiver Schleifen* organisiert und so in sich hohe Wahrscheinlichkeiten schafft, daß alles, was gewußt werden kann, auch gewußt wird. Nur das soziale System selbst kann dieses Gewebe gestalten, sich selbst also, und zwar durch die permanente Evolution seiner Struktur, die mit der Evolution seines Selbstverständnisses einhergeht.

Exkurs 16 – Gewebe aus Kommunikationen

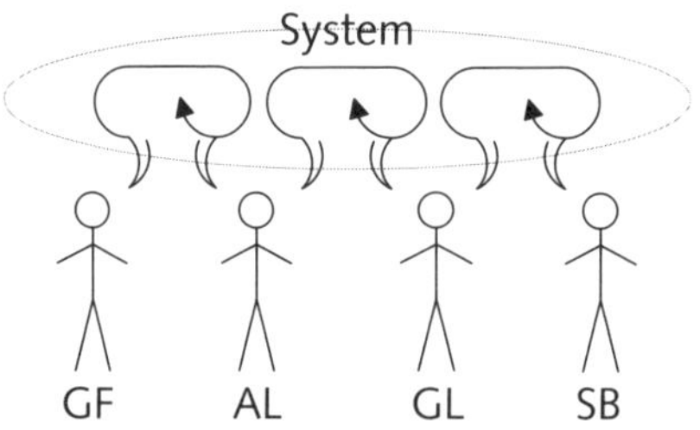

Taylorisiertes System
Die Kommunikation ist hier stark hierarchisiert und in kleinen Schleifen organisiert, die wie eine einfache Kette in Reihe geschaltet sind.

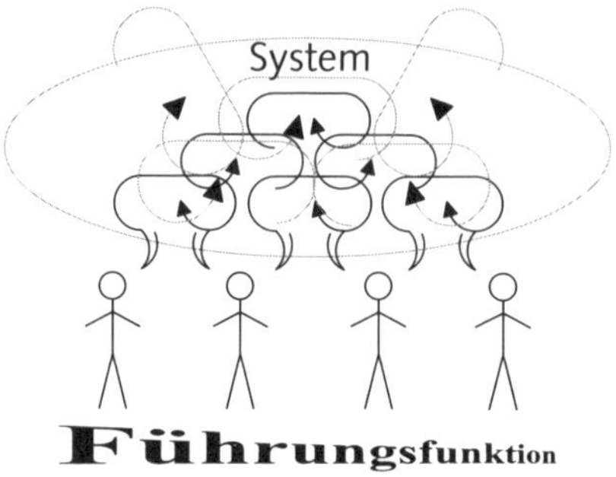

Systemevolution
Auch hier nimmt natürlich die Führungsfunktion von links nach rechts ab, aber die Kommunikationsstruktur zeigt eine gewisse Eigenständigkeit gegenüber der Hierarchie.

Auch diese Einsicht ist keineswegs neu. Die Literatur über ›Change Management‹ wird in Unternehmen viel beachtet und hat längst angefangen, den Boden dafür zu bereiten. Das genannte Gewebe reflexiver Kommunikationsschleifen – Iacocca hat es »Beziehungsknäuel« genannt – umfaßt so oder so das gesamte System, wobei allerdings bestimmte Selektionsprozesse einzelne Informationen auf bestimmte größere oder kleinere Bereiche innerhalb dieses Gewebes beschränken.

Exkurs 17 – Intrigen offenbaren Möglichkeiten

Sattelberger konstatiert den umfassenden Charakter des realen Kommunikationsgewebes auch, allerdings merkt er kritisch an: »Von diagonaler Kommunikation und diagonalen Informationskanälen ist aber i.d.R. nur dann die Rede, wenn es um Intrigen geht« (1996a, S. 43), was aber die These nur unterstützt, daß Selbstbeobachtung und Kommunikation so oder so stattfinden. Die Frage ist jeweils nur – *wie* und *was*?

In Kommunikation findet eine einschränkende Auswahl prinzipiell statt (Begründung der Selektion s. v.). Hierbei ist es ein zwar ambivalentes, aber doch existentielles Interesse des Systems, die eigenen Kommunikations-Strukturen so aufzubauen, daß keine systematisch in sich geschlossenen Kreise entstehen. So sind die Erfahrungen untergeordneter Teilnehmer am System *gegebenenfalls* für den Vorstand sehr wohl wichtig, sei es, daß ein ›Hausmeister‹ (Werkschutz) von zunehmender Verschmutzung bestimmter Bereiche zu berichten weiß, sei es, daß eine Telefonistin im hauseigenen Callcenter von der Häufung bestimmter Kundenreklamationen erfährt und dergleichen mehr.

Ein Unternehmen, das auf firmenspezifische Weise sein Kommunikationsnetz so entwickelt, daß bedeutsame Informationen mit hoher Wahrscheinlichkeit als solche erkannt werden und weiterfließen, weiß mehr als Wettbewerber, die in ihrem Kommunikationsnetz Wahrnehmungen bestimmter, etwa hierarchisch untergeordneter Mitglieder nicht als möglicherweise bedeutsam berücksichtigt haben. Wenn auch die subalternen Personen vom System prinzipiell als wichtig behandelt werden, dann werden sie höchstwahrscheinlich ihre Arbeit und sich selbst ebenfalls wichtig nehmen, und niemand wird bestreiten, daß daraus ein starker Wettbewerbsvorteil erwächst. Dieses Mehr an Wissen des sozialen Systems über sich selbst erhöht die Wahrscheinlichkeit, daß die beobachtbaren Gegebenheiten in der äußeren und inneren Umwelt auch tatsächlich als Prämissen in den fortlaufenden großen und kleinen Entscheidungen im System berücksichtigt werden. Auch die unternehmensweite Umsetzungskraft ist damit hoch.

4.6 Personalentwicklung als eine entscheidende Größe im Wettbewerb

Richten wir zunächst den Fokus auf die maßgeblichen Konzepte, die hier vertreten werden. Hinterhuber/Handlbauer/Matzler wurden oben bereits mit ihrer Auffassung zitiert, daß die Bedrohung einer Unternehmensstrategie gerade auch von der »Selbstgefälligkeit der Unternehmensmitglieder« ausgehe. Daran schließen nahtlos die umgekehrt positiv formulierten Feststellungen von Friedrichs/Althauser an: »Unabhängig davon, welche (Managementphilosophie) ›besser‹ ist, erfolgreicher wird die sein, welche Mitarbeiter und Führungskräfte hinter sich bringt. Hinter sich bringen, bedeutet aber neben der Identifikation der Mitarbeiter, die Belegschaft zum Erlernen neuen Denkens und Handelns zu motivieren, mit einem Wort: das Personal zu entwickeln.«[6] Dabei handelt es sich nicht um eine Detailaufgabe im Unternehmen, die abgesondert bearbeitet werden könnte, auch wenn sie traditionell häufig noch so verstanden und gehandhabt wird, vielmehr »(ist dies) keine Aufgabe, die der Personalentwickler alleine im Studierstübchen oder durch noch so viele gutgemeinte Kleininterventionen im Unternehmen erreicht (...) Nur die Integration mit der klassischen Gesamtsteuerung des Unternehmens wird die Forderung (...) erfüllen, die Human-Potenziale für die Entwicklung des Unternehmens zu nutzen.«[7]

Dieser Grundgedanke wird von vielen Autoren in variierenden Formulierungen hervorgehoben, so lassen Friedrichs/Althauser Kenneth Galbraith zu Wort kommen: »Wir dürfen mit Sicherheit annehmen, daß die Leistung kaum oder gar nicht mehr von der Bezahlung abhängig ist. Im Herzen der Kapitalgesellschaft ist dies nur ein Teil eines größeren Motivationssystems, in dem Platz ist für die volle Entfaltung von Entwicklung von Identifikation und Adaption«, und Friedrichs/Althauser führen diese Überlegung fort: »Hiermit stellt Galbraith die entscheidende Einbindung des Mitarbeiters in die betriebliche Organisation heraus«, und schließlich: »Zusammenfassend kann man sagen, daß Personalentwicklung die Aufgabe hat, die Unternehmenskultur, als Gesamtheit der Kernpotentiale des Unternehmens, weiterzuentwickeln.«[8]

Die eben zitierten Auffassungen harmonieren untereinander, und mehr noch, sie sind in der öffentlichen Debatte praktisch unbestritten. Jedenfalls ist mir keine Gegenstimme bekannt. Gestützt auf die Systemtheorie kommt man zu ähnlichen Schlüssen. Gemäß dem systemischen

Denken sortieren wir da aber erst noch und unterscheiden einmal die psychischen Systeme (1), die Personen, und zum andern eben das Gewebe selbst (2). Was die Personen angeht, so komme ich wie gesagt zu den gleichen Einschätzungen. Die modernen Mitarbeiter machen mehr als je zuvor in der Geschichte nichts anderes als das, was sie machen ›*wollen*‹. Diese Tendenz wird eher noch zu- als abnehmen. Verantwortlich dafür ist die wachsende Komplexität der Arbeitsinhalte und Aufgaben. Man kann heute Mitarbeitern kaum noch sagen, was sie im einzelnen zu tun haben, weil man das erst genauer wissen kann, wenn man konkret vor der Aufgabe steht. Das ist nun wieder genau wie beim Fußball. Da kann man die strategische Ausrichtung vorgeben (im Sprachgebrauch der Fußballwelt ist es üblich, von ›Taktik‹ zu sprechen) etwa: Wir stören den gegnerischen Angriff bereits in deren Spielhälfte, wir arbeiten mit Pressing und machen konsequent Vorchecking. Wie genau jeder einzelne dabei agieren soll, wer wie schnell wann wohin rennen soll usw., kann man aber vorher nicht sagen. Beim Fußball ist das insofern nicht weiter problematisch, weil jeder unmittelbar sieht, wie jeder einzelne agiert und was dabei für das Zusammenspiel herauskommt. So kann man dort ohne besondere zusätzliche Maßnahmen permanent nachsteuern. Dieses Nachsteuern kann jeder einzelne Spieler tun, in besonderer Weise wird es vom Mannschaftskapitän erwartet, und nicht zuletzt greift der Trainer kommunizierend (wie weiland das Rumpelstilzchen) am Spielfeldrand ins Geschehen ein.

Im Unternehmen hingegen tauchen die Mitarbeiter (1) in ihren jeweiligen Kommunikationszusammenhängen (2) ab. Häufig kann man nur später am Ergebnis sehen, was erreicht wurde. Wie es erreicht wurde oder warum es nicht erreicht wurde, ist damit oft immer noch im unklaren. So gesehen müssen Unternehmen erstens dafür sorgen, daß ihre Mitarbeiter überhaupt von etwas gelenkt werden, das man einen gemeinsamen Willen nennen kann, der die gesamte Belegschaft umfaßt und aus dem für alle Untergliederungen entsprechende Teilwillen, Teilstrategien oder Teilvisionen abgeleitet werden können. Bei diesem Willen handelt es sich um die strategische Ausrichtung, die alltäglich wirksam wird. Mit diesem letztgenannten Aspekt werden wir uns im 5. Kapitel über die Strategieentwicklung eingehend beschäftigen.

Nun will ich kurz darauf zu sprechen kommen, daß ein bestimmter Wille natürlich zusammen mit bestimmten Fachkompetenzen auftreten muß, damit er erfolgreich in die Tat umgesetzt werden kann. Es muß also dafür gesorgt sein, daß im Unternehmen die fachlichen Fähigkeiten vorhanden sind, um dem gemeinsamen Willen entsprechend handeln zu können. Beim Fußball waren wir in der Lage, die erforderlichen fachlichen Kompetenzen recht einfach und schon ziemlich konkret zu beschreiben, nämlich mit der Formulierung der ersten und zweiten Basisqualifikation – Bewegungsgeschwindigkeit und Ballbeherrschung. In Wirtschaftsunternehmen ist für diesen Bereich die Personalabteilung zuständig, einmal, indem sie Fachkräfte rekrutiert, und zum zweiten, indem sie deren Aus- und Weiterbildung voranbringt. Diese Aufgaben werden unterschieden und je nach Betriebsgröße arbeitsteilig erledigt, eben durch die Personalbeschaffung und die Personalentwicklung. Die Aus- und Weiterbildung wird heute weitgehend unbestritten auch im Aufgabenbereich jeder Führungskraft gesehen, und zwar zunehmend nicht im Sinne einer Entwicklung des Know-how der jeweiligen Führungskraft selbst, sondern im Sinne der Entwicklung des Know-how aller Mitarbeiter im Führungsbereich. Diese Aufgabe ist wie gesagt unbestritten und wird auch tatsächlich in der Unternehmenspraxis mit hoher Priorität bearbeitet.

Allerdings ist mit der Entwicklung des fachlichen Know-hows bei einzelnen Personen noch keineswegs sichergestellt, daß dieses Know-how auch effektiv im Sinne der erklärten strategischen Orientierung des Unternehmens eingesetzt wird, und es ist auch noch nicht sichergestellt, daß dieses Know-how im kommunikativen Gewebe des Unternehmens sinnvoll weiterverbreitet wird.

Damit kommen wir zu der Aufgabe zurück, *einen gemeinsamen Willen ins Leben zu rufen, der immer wieder neu entsteht und in der gesamten Kommunikation im Unternehmen auch in gleicher Weise verstanden wird.*

Wird die Aufgabe der Personalentwicklung in dieser Weise gestellt, dann ist Personalentwicklung viel weiter gefaßt, als es im praktischen Unternehmensalltag heute noch üblich ist. Personalentwicklung ist so gesehen die zentrale und permanente Aufgabe schlechthin in einem Unternehmen. Dann handelt es sich um viel mehr als um fachliche Weiterbildung. Das kommunikative Gewebe (2) im gesamten ist Gegenstand der Personalentwicklung, und so handelt es sich um eine allumfassende Funktion, die an keine separate Abteilung im Unternehmen abgegeben werden könnte. Kein Mitarbeiter, keine Mitarbeiterin und schon gar keine Führungskraft ist von dieser Aufgabe auszunehmen, einfach weil alle so oder so daran teilnehmen.

Ähnlich äußerten sich ja auch die oben angeführten Autoren. Die Unternehmenspraxis zeigt aber ein anderes Bild, das wir uns aus der Perspektive einschlägiger Autoren auch noch genauer anschauen.

4.7 Schlechte Noten im Fach Personalentwicklung

Viele Autoren stellen den Unternehmen auch in Deutschland ein schlechtes Zeugnis aus, was die Realisierung von Personalentwicklung im Unternehmen angeht. »Mehr Schatten als Licht« sieht Sattelberger, und »Personalarbeit in Deutschland ist auf dem Stand der 80er-Jahre stehen geblieben (...) Engstirnige, aktionistische und kulturinsensitive Unternehmen werfen jetzt das Ruder herum und suchen ihr Heil in oft zu simplen angloamerikanischen Konzepten der Unternehmensführung.«[9] Sattelbergers Urteil ist um so bemerkenswerter, als er aus dem Management kommt und man ihm nicht unterstellen kann, eine solch kritische Diagnose aus eigenem wirtschaftlichen Interesse zu publizieren (vielleicht im Gegensatz zu publizierenden Beratern). An anderer Stelle schreibt er: »Führungskräfte in Organisationen – häufig unbeleckt bzw. nicht (mehr) beeinflußt von Theoriekonzepten – operieren im guten Sinne eher naiv im Gang der Dinge bzw. schwimmen im Fluß der Ereignisse.«[10]

Angesichts dieser Wertungen will ich zunächst das Augenmerk darauf richten, daß in den Zitaten hauptsächlich ein Fehlverhalten von Personen behauptet und beklagt wird. Der Prozeß des Kommunizierens wird aber noch nicht als etwas Eigenes und Unterscheidbares von Personen analysiert. Die Kritik des Status quo im Unternehmen bleibt personenzentriert. Darauf will ich hinweisen, auch wenn ich der Wertung im Ergebnis zustimme. Später will ich zeigen, daß wir neue Lösungsmöglichkeiten gewinnen, wenn wir die Personen als eigenständige Systeme vom ebenfalls eigenständigen Kommunikationssystem, das von ihnen erzeugt wird, unterscheiden.

Um das Problemgebiet noch weiter aufzuspannen, seien von den mannigfachen kritischen Einschätzungen hier noch einige pointierte Aussagen von Friedrichs/Althauser angeführt: »Die Konfliktkosten wurden durch neuere Untersuchungen führender internationaler Forschungsgruppen fast dramatisch bestätigt.«[11] Darüber hinaus benennt er »hohe Ausfallkosten und finanzielle Synergieverluste« und: »Die Weiterbildungs- und Trainingsaktivitäten der Unternehmen sind weitflächig von Dilettantismus, Budgetverschleuderung und dem Nachlaufen nach tagesaktuellen Modeveranstaltungen geprägt.«[12] Hier wird ein Zusammenhang mit ›harten‹ Kosten behauptet, und wenn man sich die Quellen, die diversen Untersuchungen, anschaut, kann die Behauptung im betriebswirtschaftlichen Sinn als belegt bewertet werden – genauso wie das Gegenteil, sofern wir eben andere Untersuchungen heranziehen. Als Resümee dieser Überlegung erhalten wir aber keineswegs etwas von der Art einer algebraischen Nullsumme. Vielmehr erhalten wir als Resümee einen Widerspruch, der bei diesem Stand der Analyse noch nicht aufgelöst werden sollte, will man nicht Aspekte verlieren, die man für eine weitergehende Lösung noch braucht. Vielleicht ist nämlich beides richtig, und man findet die Lösung auf einer anderen Ebene, die man nur erreicht, wenn man beides zugleich berücksichtigt.

Ich lasse also diesen Konflikt unentschieden offen und berichte erst noch von der Schlußfolgerung, zu der Friedrichs/Althauser gelangen: »Halten wir fest: Vielen Unternehmen ist die Chance der Gestaltung eines bewußten Kulturprozesses praktisch unbekannt.«[13] Und: »Der für den Unternehmenserfolg so wichtige Kulturprozeß läuft ungeplant und unkontrolliert, ›chaotisch‹ ab und *wird von den Beteiligten völlig unterschiedlich interpretiert.*«[14] Diese letzte Aussage ist von zentraler Bedeutung, denn damit wird zumindest implizit die Frage aufgeworfen, wie sich ein Kommunikationsprozeß gegen eine derart diffuse Interpretation schützen kann. Genau darauf werde ich im 5. und 6. Kapitel zurückkommen.

Bei der Ursachenforschung kommen Friedrichs/Althauser ebenfalls zu drastischen Ergebnissen: »Nach wie vor orientieren sich (die Unternehmen) am Kapital und nicht an der Mitarbeiterleistung. Der Faktor Mensch wird nicht berücksichtigt.«[15] Stiefel, ebenfalls ein vielgelesener und vielzitierter Autor, sieht die Situation recht ähnlich und schreibt: »Viele Unternehmen haben subtile Sanktionierungsmechanismen, die den konzeptionellen Weitblick einzelner gegenüber den allgegenwärtig sichtbaren Machern diskriminieren (...) dieses Muster zeigt sich in der Personalentwicklung daran, daß man kaum eindeutig und trennscharf formulierte konzeptionelle Aussagen zum Lernen und zur Entwicklung von Mitarbeitern in der Praxis findet, und statt dessen vor dem Hintergrund wolkiger Leerformeln das Tagesgeschäft favorisiert. Ursächlich dafür ist die fehlende strategische Mentalität des Leiters.«[16] Hier wird sehr ausdrücklich ein ›Schuldiger‹ identifiziert. Ich bezweifle allerdings, daß aus dieser Analyse nachhaltige Lösungen hervorgehen können. Zwar wird nicht nur eine Person kritisiert, sondern auch bestimmte Verhaltensweisen (›subtile Sanktionierungsmechanismen‹ gegenüber einfachen Mitarbeitern, die strategisch zu denken wagen), und es wird auch das Fehlen von Konzepten bezüglich der Entwicklung von Mitarbeitern beklagt, aber diese Kritik verharrt recht weitgehend mit dem Fokus auf Personen.

Schauen wir uns noch eine der von Friedrichs/Althauser angesprochenen Studien an, und zwar eine, die belegen kann, daß sie »bewußt auf die Befragung der üblichen Vorzeigeunternehmungen der PE-Literatur verzichtet.«[17] Berthel/Touet fassen die Ergebnisse mit den Worten zusammen: »Der informatorischen Fundierung und der Evaluation von PE-Arbeit wird in vielen Unternehmungen nur geringe Bedeutung zugesprochen«, und: »Eine Integration von Personal- und Organisationsentwicklung wird nur in wenigen Unternehmungen praktiziert«, und schließlich: »›Moderne‹, wertschöpfungsnahe PE-Konzepte sind nur wenig verbreitet.«[18]

Wir sollten all diese Aussagen auch dann für zutreffend halten, wenn sie sich selbst auf den ersten Blick widersprechen, denn das ist hier der Fall. *Wenn man nämlich die These vertritt, daß Personal- und Strategieentwicklung als die Evolution des ›weichen Faktors‹ für den Erfolg einer Unternehmung entscheidend ist, wie will man dann erklären, daß sich heute die meisten Unternehmen ganz offensichtlich am Markt behaupten können, also ohne auffällige Mißerfolge, obwohl sie dieser Bedingung erkennbar zuwiderhandeln?*

Mehr noch, die obigen Zitate sind einige Jahre alt, und seither wurden in sehr vielen Unternehmen die Ausgaben für Personalentwicklung (sofern sie sich nicht auf die Vermittlung von Fachwissen beziehen) gekürzt, teilweise sogar dramatisch – Kostensenkungen allenthalben. Viele Unternehmen glauben sich eine ›luxuriöse‹ Beschäftigung mit sich selbst nicht mehr leisten zu können. Die Zusammenhänge sind komplex, und in dieser Komplexität sind die nachhaltig negativen Wirkungen von versäumter oder mangelnder Personalentwicklung verborgen oder vielleicht auch kompensiert. So sagte uns kürzlich der CEO eines großen Konzerns nüchtern: »Einige unserer Töchter machen viel Personalentwicklung, andere außer fachlicher Weiterbildung praktisch gar nichts, und ich kann keinen Unterschied in den Auswirkungen dieser unterschiedlichen Vorgehensweisen entdecken, folglich sehe ich keinen Vorteil, den sachfremde Personalentwicklungsmaßnahmen bringen sollen.«

Wir haben also die Schar der Beobachter von Unternehmen, die unisono die alltägliche Praxis in Unternehmen kritisieren. Aus den Unternehmen und auch sonst gibt es kaum Beobachter, die dem öffentlich widersprechen. In der Praxis wird aber sehr wohl widersprochen, zumindest implizit. Dort wird einfach entgegen den vorgetragenen Konzepten gehandelt. Und nicht wenigen Unternehmen scheint das gut zu bekommen. Nun will ich hier aber nicht dabei stehen bleiben, nur auf die Komplexität der Zusammenhänge zu verweisen, um diesen eklatanten Widerspruch zu erklären, sondern eine weitergehende Antwort versuchen.

Nehmen wir an, Personalentwicklung, also diese Beschäftigung des ›weichen Sektors‹ mit sich selbst, wäre bisher nur noch nicht richtig verstanden worden. Vielleicht funktioniert das herkömmliche Konzept nur deshalb, weil sich noch fast alle mit dem gleichen Handikap am Markt bewegen? Welcher Wettbewerbsvorteil wäre folglich für ein Unternehmen heute möglich, wenn bislang das begriffliche und kommunikative Instrumentarium nur noch nicht richtig genutzt würde, um Personalentwicklung systematisch betreiben zu können? Wenn man es also besser machen kann, und erst dann wirkt Personalentwicklung durchgehend effektiv und nicht nur zufällig? Dann könnten sich doch einige Unternehmen für einige Zeit einen kräftigen Vorsprung verschaffen.

4.8 Viele Mode-Entwicklungen oder nur eine einzige

Die Unternehmen verändern sich in ihrer Evolution in Richtung auf ein *dichtes, die gesamte Organisation umfassendes und immer übergreifendes pulsierendes Gewebe reflexiver Schleifen*, ein Gewebe, das an ihre Umwelt (den Markt) anschließt. Dieser Gedanke wurde bereits entwickelt und wird nun als Ausgangspunkt gewählt.

Die Anschlußmöglichkeiten für Unternehmen sind in der äußeren und inneren Umwelt einem permanenten Wandel unterworfen. Es gibt zwar Zusammenhänge, aber keinen Automatismus für die interne Reaktion der Unternehmen auf äußeren Wandel. Hier treffen wir in der Wechselwirkung von Systemen auf das Phänomen von ›Koevolution‹.

Es gibt ein wachsendes Bewußtsein für den wettbewerbswirksamen Einfluß der Evolution des ›weichen Faktors‹ im Unternehmen, und dieses Bewußtsein ist mit Begriffen verbunden wie Persönlichkeitsentwicklung, Personalentwicklung, Teamentwicklung, Führungskräfteentwicklung, Organisationsentwicklung, Kulturentwicklung, Strategieentwicklung oder zusammenfassend: Unternehmensentwicklung. (Nebenbemerkung: ›Kommunikationsentwicklung‹ ist als Begriff noch wenig gebräuchlich, aber ich sehe ihn als zentral an, und werde dies mit der später dargestellten und begrifflich klareren ›Reentry-Kommunikation‹ begründen).

Teilweise entsprachen und entsprechen diese Begriffe auch verschiedenen ›Schulen‹, die sich mitunter in Form von einander ablösenden Modewellen verbreiteten und mit jeweils spezialisierten Beratern am Markt auftraten. Mittlerweile ist die Tendenz zu beobachten, die theoretischen Ansätze und ›Tools‹[19], mit denen diese Schulen operieren, nach und nach zu integrieren. Friedrichs/Althauser geben mit ihrer Fragestellung genau diese Richtung vor: »Wie sieht nun ein erfolgreiches Personalentwicklungskonzept aus, das Unternehmensentwicklung, Kulturentwicklung und damit auch die Organisationsentwicklung integriert?«[20] Sattelberger argumentiert ähnlich, wenn auch grundsätzlicher: »Unternehmenstransformation als tiefgehendster Wandlungsprozeß kann als eine von Menschen getragene Weiterentwicklung der Identität eines Unternehmens verstanden werden, um für die verschiedenen Stakeholders langfristig Sinn und Nutzen zu stiften.«[21] und: »Anachronistisch sind nicht nur die Zeiten der Konzentration auf von der Unternehmensentwicklung losgelöste ›nice to have‹- bzw. Reparaturprogramme«[22], ebenso die Zeiten, in denen »Aufgaben- bzw. Personalqualifizierung ohne Persönlichkeitsentwicklung (betrachtet werden).[23]« Und noch darüber hinausgehend nennt er die Aufgabe, »den Übergang zu einem Unternehmen der vielen Unternehmen *und* Unternehmer zu managen.«[24] Für die weitere Argumentation läßt er Chase/Garvin zu Wort kommen: »Die Fabrik braucht in zunehmendem Maß (...) kenntnisreiche Facharbeiter, die zur Wertschöpfung beitragen, indem sie mehr wie Generalisten im Management denken.[25]« Diesen Gedanken fortführend stellt er fest: »Förderung von Kulturentwicklungsprozessen und die Reintegration von Lernen und Arbeiten bzw. Lehren und Führen sind Schlüsselwege zum Ausbau dieser Erfolgsposition.«[26] In dieser Grundsätzlichkeit trifft er sich mit Lutz, der aufgrund zunehmend komplexer, prozeßhafter Aufgaben für Mitarbeiter die Tendenz einer »Verlagerung unternehmerischer Funktionen an den Arbeitsplatz« beobachtet.

Phasen des Human-Resource-Development (HRD)

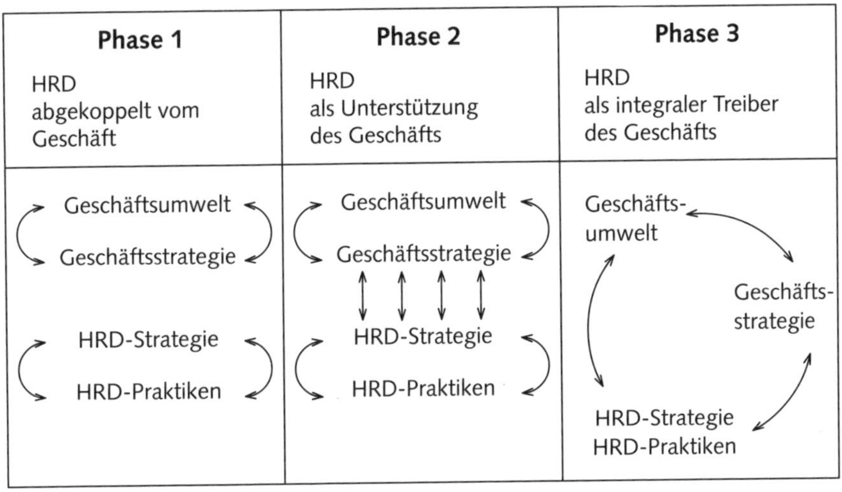

Abb. 3 Evolutionswellen im Unternehmen nach Sattelberger

Zusammengefügt entstehen auf diese Weise Evolutionswellen, die rekursiv immer wieder das gesamte Unternehmen durchlaufen und das Unternehmen in all seinen Gliederungen, Funktionen und Aspekten erfassen. Sattelberger hat ein Schaubild angefertigt, in dem diese Evolutionswellen in ihren Phasen dargestellt sind (s. Abb. 3) und bei Wimmer/Nagel als Forderung auftauchen: »Damit der Vorausblick den umfassenden Aufbau von Fähigkeiten wirksam leiten kann, muß das ganze Unternehmen über diesen Industrievorausblick verfügen und nicht nur ›die Typen aus der Forschung oder aus dem Marketing‹.«[27]

4.9 Unwissen und Entscheidung

An dieser Stelle bietet es sich an, ein weiteres Mal ins Grundsätzliche zu gehen oder in Analogie zum Sport, erneut vorbereitend ›auszuholen‹.

Exkurs 18 – Lieber so tun, als ob

Nach wie vor ist es allgemeiner Konsens, an dem Begriff ›Entscheidung‹ festzuhalten. Niemand, selbst die hartnäckigsten Verfechter des rationalistischen Ansatzes haben je ernsthaft vorgeschlagen, ›entscheiden‹ durch ›ausrechnen‹ zu ersetzen. Der Gedanke von der Komplexität der Welt ist eigentlich längst anschlußfähig, so dürfen wir schlußfolgern.
Offenbar konnte aber noch kein Schritt überzeugend entwickelt werden, der für Unternehmen besser erscheint, als wenigstens so zu tun, als könne man vielleicht doch ausrechnen, was zu tun ist.
Manche gehen gar so weit zu fordern, nicht berechenbare Folgen strategischer Maßnahmen gegenüber dem »Management« mit geschätzten Zahlen zu begründen: »Man könnte dieser Vorgehensweise vorwerfen, daß sie viel mit einer Wettervorhersage gemein habe, aber Investitionsrechnungen liefen nun mal so ab, und Personalentwickler täten gut daran, mit den gleichen Tools wie alle zu arbeiten. Sie müßten aufpassen, daß die anderen Abteilungen ihnen nicht die Budgets vor der Nase wegschnappten, nur weil diese einfach überzeugender argumentieren könnten (…) Das Zauberwort heißt PE-BusinessCase.« (wirtschaft&weiterbildung, 10. Okt. 2005, S. 8.) Ich will nicht grundsätzlich bestreiten, daß sich so manches Management von kühn vorgetragenen ›Milchmädchenrechnungen‹ beeindrucken läßt. Ich behaupte allerdings, *daß demgegenüber Wettbewerber mittel- und langfristig einen Vorteil erringen können, die Klartext bevorzugen, die Ungenaues als Mehrdeutiges erkennen wollen, um dann echte Entscheidungen zu wagen.*

Der systemische Denkansatz legt nahe, nur dann von einer Entscheidung zu sprechen, wenn die Folgen nicht berechenbar sind, wenn also bestimmte Mehrdeutigkeiten vorliegen, oder anders gesagt, wenn bestimmte Dinge nicht gewußt werden können. Wenn dabei aber zusätzlich eine Reihe von Sachverhalten in der Kommunikation des Entscheidungsprozesses *nicht auftauchen*, die durchaus im System andernorts kommuniziert sind, die also partiell verdeckt gehalten sind, dann wird zusätzlich Eindeutiges mehrdeutig, und damit steigt natürlich die Wahrscheinlichkeit falscher Entscheidungen tendenziell an, und zwar in einem *vermeidbaren* Umfang, also in einem Umfang, den der Wettbewerb vorteilhaft vermeiden könnte. Wenn man ein solches suboptimales Geschehen ganz grundsätzlich betrachtet, dann verhält sich ein Entscheider in einem Unternehmen, der entscheidet, ohne zu beachten, was andere wissen und sagen, wie ein Fußballer, der den Ball annimmt und losstürmt, ohne dabei zu berücksichtigen, was seine Mitspieler gerade tun. Allerdings sieht jeder im Fußball sofort den Fehler, in einem Wirtschaftsunternehmen aber nicht. Bei diesem Thema geht es nicht um eine solitäre Angelegenheit. Jede getroffene Entscheidung ist Prämisse für alle weiteren. Es geht also um einen Strom von großen und kleinen Entscheidungen im System, die aufeinander aufbauen. Je größer das vermeidbare Unwissen über sich selbst und die Umwelt, desto wahrscheinlicher werden *vermeidbare* Verluste durch *vermeidbare* Fehlentscheidungen – und umgekehrt. Wimmer/Nagel formulieren prägnant, was Unternehmen für ihre Entscheidungen brauchen und anstreben können, nämlich eine »wohlinformierte Intuition.[28]«

Exkurs 19 – Mehrdeutigkeit statt Ungewißheit

Häufig operieren Autoren beim Thema Entscheidung mit Begriffen wie »Unsicherheit« oder »Ungewißheit.« Demgegenüber bevorzuge ich Weicks einschlägigen Gedankengang: »Wir haben uns aus bestimmten Gründen entschlossen, diese Terminologie zu vermeiden und statt dessen von der Vorstellung Gebrauch zu machen, daß Organisationen Mehrdeutigkeiten zu verarbeiten suchen.« (Weick, 1995, S. 248.) Begriffe wie ›Ungewißheit‹ suggerieren eine Beliebigkeit an Möglichkeiten, die gerade nicht gegeben ist. Wenn sich jemand beispielsweise daranmacht, mit einer kleinen Jolle den Pazifik zu überqueren, so kann der Ausgang dieses Unternehmens durchaus als fraglich bezeichnet werden, aber nicht in einem beliebigen Sinne. Vielmehr steht eindeutig fest, daß der Segler frühestens dann, wenn er das Ufer wieder erreichen sollte, Gefahr läuft, von einem LKW überfahren zu werden. Vor LKWs ist unser Segler also vorerst sicher. Was hier nicht ohne Ironie daherkommt, weist für Unternehmensentscheidungen auf durchaus ernste und zwar *vereinfachende* Prämissen hin. Unternehmensentscheidungen müssen immer nur Probleme von Mehrdeutigkeit bewältigen.

4.10 Entscheidung und Konflikt

In Exkurs 13 wurde dargelegt, wie ein Konflikt ganz grundsätzlich, also bereits im Sandkasten, als Forstsetzung von Kommunikation gesehen werden kann. Diesen Gedanken greife ich erneut auf, jetzt unter Beachtung des Umstandes, daß wir im Unternehmen vielfach entscheiden müssen, und nicht eindeutig ausrechnen können. *Wenn man aber nicht ausrechnen kann, sondern entscheiden muß, dann muß einem auch klar sein, daß man unterschiedliche Entscheidungen vertreten kann, ohne offensichtlich etwas falsch zu machen.* Mit dieser Überlegung wird neben Entscheidungen eine weitere Herausforderung in einem Unternehmen unvermeidlich – es muß auch mit Konflikten umgehen lernen. So wundert es nicht, daß schon viel über Konfliktbehandlung nachgedacht wurde. Einiges davon will ich mir zunutze machen und aufgreifen.

Exkurs 20 – Luhmann: ›Nein‹ macht zukunftssensibel

»Von Konflikten wollen wir immer dann sprechen, wenn einer Kommunikation widersprochen wird. Man könnte auch formulieren: wenn ein Widerspruch kommuniziert wird (...) Ein Konflikt liegt also nur dann vor, wenn Erwartungen kommuniziert werden und das Nichtakzeptieren der Kommunikation rückkommuniziert wird (...) Der Konfliktbegriff ist damit auf einen präzise und empirisch faßbaren Kommunikationsvorgang bezogen: auf ein kommuniziertes ›Nein‹, das eine vorherige Kommunikation beantwortet (...) Es ist demnach prinzipiell verfehlt, Konflikte auf ein Versagen von Kommunikation zurückzuführen (so als ob Kommunikation etwas ›Gutes‹ sei, das scheitern könne) (...) Konflikte dienen also gerade der Fortsetzung der Kommunikation durch Benutzung einer der Möglichkeiten, die sie offen hält: durch Benutzung des Nein.« (Luhmann, 1987, S. 530)

»Konflikte sind operationalisierte, Kommunikation gewordene Widersprüche. Sie ermöglichen die Konditionierung von Immunereignissen. Sie machen auf Probleme aufmerksam, und dies bei hinreichender Zukunftssensibilität ...« (ebd. S. 537)

»Widersprüche destabilisieren ein System (...) Komplexe Systeme benötigen vielmehr ein recht hohes Maß an Instabilität, um laufend auf sich selbst und auf ihre Umwelt reagieren zu können ...« (ebd. S. 501)

»Ein Immunsystem (...) ist nicht einfach ein Mechanismus der Korrektur von Abweichungen und der Wiederherstellung des status quo ante; es muß diese Funktion selektiv handhaben, nämlich vereinbaren können mit dem Akzeptieren brauchbarer Änderungen.« (ebd. S. 504)

Terberger formuliert knapp und klar: »Der Konflikt – ein komplexes, omnipräsentes Phänomen.«[29] Daß es sich hier um ein kostenträchtiges Phänomen handelt, wird heute in der einschlägigen Literatur als Allgemeingut gehandelt. Auf welche Weise Konflikte Kosten verursachen (können), läßt Glasl erahnen, wenn er schreibt: »Die gegenseitigen Beziehungen werden somit zu einer ständigen Quelle des Ärgernisses und *binden alle Energien*. Die Parteien fixieren einander im Tun auf stereotype Bilder.«[30] Diese Bilder sind Freund-Feind-Bilder in der Selbstbeschreibung und man könnte hier nahtlos zum Exkurs über ›Management als Teufelsaustreibung‹ überleiten.

Schwarz weist in seinen Erörterungen spekulativ auf eine Dynamik in psychischen Systemen hin: »Unverstandenes oder gar Unverstehbares *ängstigt*.«[31] Angst mobilisiert Bestrebungen der Selbstverteidigung, die latent in Angriff umschlagen, Angst mündet also tendenziell in Aggressivität. Mit der Schwarzschen Angst-These wird die Wahrscheinlichkeit der Eskalationen von Konflikten verständlich. Insbesondere wird darauf hingewiesen, daß mangelndes Verstehen in der Kommunikation einen Teufelskreis von Konflikten anschiebt, während Prozesse, die dem Verstehen dienen, zum Gegenteil tendieren.

Im weiteren beschäftigt sich Schwarz mit einigen Grundthesen, die für den Umgang mit Konflikten in Unternehmungen erheblichen Nutzen entwickeln können, indem mit ihnen deutlich wird, daß *man über Konflikte nicht pauschal mit ›gut–schlecht‹ urteilen sollte, denn für ihre Folgen kommt es entscheidend darauf an, wie diese Konflikte behandelt werden:*

- »Konflikte stellen die Einheitlichkeit der Gruppe her.«
- »Der Sinn der Konflikte liegt in der Entwicklung der Komplexität.«
- »Konflikte garantieren Veränderung.«
- Konflikte um Behauptungen und Anordnungen zwingt die Mitglieder des betreffenden (Sub-)Systems zu einer genauen Prüfung und Abwägung des dahinterstehenden Sachverhalts.
- »Konflikte erhalten das Bestehende.«

Schwarz gelangt zu folgender zusammenfassender Bewertung: »Das Wesentliche im Umgang mit Konflikten liegt darin, sie rechtzeitig zur Sprache zu bringen und austragen zu lassen (...) Konflikte (...) garantieren damit auch so etwas wie *den Realitätsbezug von Personen, Gruppen und Organisationen.*«

Einige der Formulierungen, die Schwarz gewählt hat (wie: »Konflikte garantieren«), erscheinen vor dem Hintergrund des systemischen Konzepts als zu apodiktisch. Dies kann der Verbreitung der Schwarzschen Grundgedanken durchaus im Weg stehen, etwa wenn Leser über konkrete Erfahrungen verfügt, die genau das Gegenteil von dem besagen, was als »garantiert« behauptet wird. Die Formulierung einer ›Tendenz‹ oder ›Wahrscheinlichkeit‹ macht den Grundgedanken ohne Abstriche leichter anschlußfähig.

Wir können also festhalten, daß Konflikte zwar im Einzelfall, aber nicht generell vermeidbar sind, ja, daß dies auch nicht erstrebenswert ist. Vielmehr stellen Konflikte zunächst einfach eine Fortführung der Kommunikation dar. Sie bilden weitere reflexive Schleifen mit ausdrücklich widersprüchlichem Inhalt. Ähnlich wie Fragen können Konflikte dafür sorgen, das sich das System selbst besser kennenlernt. Auch die Härte von Konflikten läßt keine Unterscheidung nach funktional/dysfunktional zu. Vielmehr kann (unter Wahrung gewisser Regeln und vor allem der gegenseitigen Achtung) die Härte in einer Auseinandersetzung schlicht ein Ausdruck des Engagements im System sein; oder zur Verdeutlichung: *Konflikte sind Ausdruck der Abwesenheit von Gleichgültigkeit.* So muß man zugestehen, daß ein hohes Maß an Identifikation, Begeisterung und Zusammengehörigkeit im System unvermeidlich mit einer gewissen Intensität und Schärfe der Konflikte einhergeht. Zusammengehörigkeit ist ja immer auch damit verbunden, daß man aufeinander angewiesen ist, sich als abhängig erlebt und folglich Widersprüche ernst nimmt und offen bearbeitet.

Nach Luhmann können Konflikte wie ein eigenes System betrachtet werden, und daraus ergibt sich eine gewisse Wahrscheinlichkeit der Verselbständigung. Die Verselbständigung eines Konflikts ist aber mit Sicherheit für das System dysfunktional. Wie kann nun solch eine schädliche Dynamik begrenzt werden? Eine Möglichkeit besteht darin, durch ›Personalentwicklung‹ dafür zu sorgen, daß in den beteiligten psychischen Systemen die Anschlußfähigkeit für den Selbstlauf solcher Konflikte abnimmt. Hieraus schöpft eine Personalentwicklung ihre Attraktivität, die nur auf das Individuum bezogen ist, und die man der größeren Klarheit wegen Personenentwicklung nennen sollte[32]. Es ist aber wenig aussichtsreich, sich darauf zu konzentrieren, *solange das soziale System zur Konfliktverselbständigung einlädt.* Und das soziale System lädt in dem Maße zur Verselbständigung von Konflikten ein, wie zum einen die Art und Weise der Kommunikation Mißverständnisse wahrscheinlich macht; und zum zweiten, wie sein eigentlicher Daseinszweck in Form einer Strategie nicht als die höchste Priorität, die alles *im* System übersteigt, kommuniziert wird. (Wohlgemerkt: *im* System heißt *im Rahmen* der Kommunikation. Das Interne von Personen wird mit diesem Konzept gerade nicht dem sozialen System einverleibt. Totalitären Tendenzen wird mit diesem Gedanken folglich nicht das Wort geredet. Die Personen unterliegen lediglich mit ihren Beiträgen in der Kommunikation den Prämissen des Unternehmens.)

Der Daseinszweck der Unternehmung hat einen Doppelcharakter. Zum einen muß schlicht das wirtschaftliche Überleben im Wettbewerb fortwährend neu realisiert werden. Damit ist das notwendige, aber noch nicht hinreichende Moment dieses Daseinszwecks umschrieben. Zweifellos schafft die wirtschaftliche Überlebensfähigkeit einer Unternehmung als Nebeneffekt eine hohe Bindungskraft für die beteiligten psychischen Systeme. Aber die wirtschaftlichen Kenngrößen und entsprechenden Anreize reichen für eine optimale Selbststeuerung einer Belegschaft in der Regel nicht aus, um überdurchschnittliche Leistungen zu erzielen – Tendenz weiter abnehmend. Der Daseinszweck des Unternehmens muß als das Überlebensinteresse *einer bestimmten Unternehmensidentität* in den Mittelpunkt gestellt werden können.

Exkurs 21 – Werte!

»Mit den Gewinnen ist es wie mit der Gesundheit. Man braucht sie, und je mehr, desto besser. Aber dafür ist man doch nicht auf der Welt.« Peters/Watermann, 1991, S. 131.

Diese Überlegung leiten unmittelbar auf das nächste Thema über: Eine sinnstiftende Strategieentwicklung.

5 Strategie als Voraussetzung

Strategie hat wesentlich mit Zukunftsaussichten zu tun und eine einschlägige Erörterung kann frei nach Mark Twain mit den Worten eingeleitet werden: Prognosen sind vor allem insofern problematisch, als sie sich auf die Zukunft beziehen.

In enger Anlehnung an Nicolai werde ich im folgenden zentrale Merkmale von Strategie skizzieren, so wie der Begriff hier verstanden werden soll[1].

5.1 Was ist Strategie?

1. Merkmal – langfristig – Strategien suchen Orientierung jenseits des unmittelbar überschaubaren Zeithorizonts; in diesem Sinne sind sie *langfristig* angelegt.

Beschlüsse in Unternehmen, deren zukünftige Ergebnisse berechenbar sind, werden also nicht als strategische Entscheidungen bezeichnet. Gleichwohl kann man sich vorstellen, daß auch jede untergeordnete Entscheidung eine strategische, das heißt langfristig wirksame Komponente hat. Diese Komponente zeigt sich, wenn man beispielsweise der Frage nachgeht, wie die neuen Detaillösungen ›*in die Unternehmenslandschaft passen*‹, oder auch, wie die betroffenen Personen auf die Detailentscheidung langfristig reagieren werden.

2. Merkmal – funktionsübergreifend – Damit wird als Kriterium der Einflußbereich der Entscheidung *in* der Unternehmung angesprochen. Strategische Entscheidungen betreffen demnach die Organisation als Ganzes und nicht nur einen kleineren oder größeren Teilbereich.

3. Merkmal – wichtig – Hier ist das Schlagwort der »*Big Decisions*«[2] einzuordnen. Wichtigkeit verweist hier auf die Unterscheidung von »folgenreichen« und »folgenarmen« Entscheidungsinhalten[3]. Nicolai arbeitet dieses Kriterium der Entscheidungs*inhalte* ausdrücklich gegenüber einem anderen Kriterium heraus, nämlich gegenüber dem Kriterium, *welcher Funktionsträger* im Unternehmen die Entscheidung trifft. Die Verlagerung des Fokus auf die Inhalte einer Entscheidung entspricht dem systemischen Ansatz, der Personifizierungen als vordergründige Vereinfachung hinterfragt.

4. Merkmal – komplex – Strategische Entwürfe enthalten Aussagen, die sich höchstens teilweise auf Berechenbarkeit oder sonst eine rationale Sicherheit stützen können. Strategie bewegt sich also dort, wo Mehrdeutigkeit herrscht und jede noch so komplizierte Rechnung versagt. Dieser Gedanke enthält somit bereits implizit das 5. Kriterium, wobei sowieso deutlich wird, daß es sich hier nicht um trennscharfe Kriterien handeln kann, sondern um Aspekte, mit denen etwas Bestimmtes, aber Unscharfes beschrieben werden kann.

5. Merkmal – schöpferisch – Nicolai schreibt: »Das ›schwarze Loch‹, um das die Strategiediskussion mit ihren verschiedenen Definitionen kreist, (...) ist das, was als das ›Unternehmerische‹, ›Entrepreneurship‹ oder ›das Schöpferische‹ bezeichnet wird«, und: »Jedes Unternehmen braucht eine ›key idea‹«.[4]

Das angesprochene Schlüsselmoment enthält laut Hinterhuber immer »rationale und irrationale Elemente«.[5] Solche Überlegungen münden in der Feststellung »daß es die Leistung des Entrepreneurs ist, auf Situationen, die durch Ungewißheit gekennzeichnet sind, Antworten zu finden.«[6] Nach systemischem Verständnis darf das nicht so gedeutet werden, als wüßte ein ›Entrepreneur‹ mehr als andere. *Was ihn von anderen unterscheidet, ist vor allem, daß er es wagt, in mehrdeutigen Situationen eindeutig zu handeln, und daß er es darüber hinaus versteht, diese Eindeutigkeit in seiner Kommunikation auf eine Weise vorzutragen, daß sie die gesamte Unternehmung zu erfassen vermag, also auf eine Weise, daß das System diese vereinfachende Eindeutigkeit übernimmt und sich selbst dahingehend organisiert.*

Wenn für eine anstehende Entscheidung das gesamte Wissen zur Verfügung steht, das in der Organisation zu der betreffenden Frage gewußt wird, erhöht dies verständlicherweise die Erfolgswahrscheinlichkeit.

Exkurs 22 – Strategisches Konzentrat

Was heute so erfolgreich ist, war gestern neu, wurde gestern für heutige Bedingungen kreativ konzipiert und war gestern Wagnis. Die gleiche kreative gestrige Leistung, heute eingesetzt, führt unvermeidlich zu einem anderen, neuen Wagnis.
Die reine Fortsetzung des gestern entwickelten Erfolgskonzepts heute wird morgen unvermeidlich in dem Umfang scheitern, wie die morgigen Bedingungen sich von den heutigen unterscheiden.

5.2 Welchen Nutzen stiftet Strategie in Unternehmungen?

»Wann immer ein Unternehmen in einem bestimmten Markt Fuß gefaßt und über einen gewissen Zeitraum seine Überlebensfähigkeit unter Beweis gestellt hat, dann verfügt es auch über eine Strategie, vielleicht nicht explizit und in Worte gegossen, aber im konkreten Tun (...) Jedes am Markt existierende Unternehmen verfügt bereits über eine ganz bestimmte Form der strategischen Orientierung.«[7] Mit diesen Worten leiten Wimmer/Nagel ihr Buch »Systemische Strategie-Entwicklung« ein, und diese Überlegung soll auch hier zum Ausgangspunkt genommen werden.

Wir sind in dieser Arbeit bereits Strategien begegnet; es folgen einige weitere:

- Komatsu: »Caterpillar einkreisen«;[8]
- Canon: »Xerox schlagen«
- Honda: »Ein zweiter Ford werden«, und: »success against all odds«;[9]
- Nissan: »Komfortable Funktionalität«;[10]
- Sharp: »Nicht imitieren«;[11]
- Wüstenrot: »Spezialinstitut rund ums Thema Wohnen«.[12]

Diese Leitsätze sind Beispiele, wie Unternehmen die elementare Frage ›Wozu sind wir da?‹ mit einem Satz beantworten können. Hier liegen Strategien in komprimierter Form vor, deren orientierungstiftender Charakter unmittelbar deutlich ist, und wir können mit Wimmer/Nagel fortfahren: »(...) Ziel ist es, im Interesse aller Beteiligten wechselseitige Bindungen in der Festlegung auf eine gemeinsame Zukunft zu schaffen.«[13]

Strategie wird als die Bündelung des Stroms von Aktionen in der Unternehmung aufgefaßt, die zu eigentümlichen Mustern führt. Wimmer/Nagel nennen diese Muster auch »historischen Eigensinn«[14]. Nun haben wir also die These, jede Unternehmung verfüge über eine zumindest implizite Strategie (1), wir haben Beispiele für explizite Strategien (2), und es ist skizziert, was Strategien leisten (3): Orientierung stiften. Sie erzeugen ein Muster im Strom der Handlungen und begünstigen Identifikation und wechselseitige Bindung[15].

Bisher habe ich mich noch nicht damit beschäftigt, daß die Erarbeitung und Verbreitung einer ausdrücklichen Strategie keine wertschöpfende Handlung ist, zumindest wenn man es streng betrachtet, und sie ist zudem in expliziter Form nicht zwingend erforderlich. Kooperation kann auch ohne diese spezielle Anstrengung funktionieren. Nehmen wir als Beispiel ein System aus der Zoologie, das ohne explizite Strategie auskommen muß – ein Ameisenstaat. Einfache ›Programmierung‹ und Wegmarkierungen genügen zum Transport alles Notwendigen (die Wegmarkierungen enthalten als Information die jeweilige Distanz zum Ameisenbau). Weltweit gibt es keine quantitativ erfolgreichere Tierpopulation. Interessant wird es, wenn man Gelegenheit hat, zu beobachten, was passiert, wenn mehrere Individuen einen größeren Gegenstand transportieren. Im Normalfall wird selbst diese Aufgabe bewältigt. Programmierung und Wegmarkierung genügen, daß tendenziell immer etwas mehr Ameisen in die richtige Richtung ziehen. Nun mag folgende Behauptung als Provokation erscheinen: Eine humane Unternehmung ohne explizite Strategie hat nur unter glücklichen Umständen einen ähnlich hohen Ziel-Wirkungsgrad wie ein Ameisenstaat. Genauso ist es aber. Eine humane Unternehmung steht prinzipiell nicht vor relativ *eindeutigen* Augfgaben, im Unterschied zu einem Ameisenstaat. Natürlich gibt es auch für eine Unternehmungen ordnende ›Sachzwänge‹, aber nirgends kann sie äußere Wegmarkierungen anbringen, die ihren Weg in Sackgassen und andere falsche Richtungen eindeutig vermeiden helfen. Schon die Metapher ›Richtung‹ ist genaugenommen eine Verharmlosung des Problems, vor dem Unternehmen wirklich stehen. Und so ist die Statistik voll von Firmenzusammenbrüchen. Diese Firmen behielten emsig den Kurs in die falsche ›Richtung‹ bei. Humane Systeme ›können‹ das ganz offensichtlich.

Somit sind die beiden zentralen Funktionen einer expliziten Strategieentwicklung im Grundsatz angelegt:

1. *Die ausdrückliche Beschäftigung mit einer Strategie des Unternehmens erhöht die Wahrscheinlichkeit, daß Aktionen gefunden werden, die auch zukünftig in der Umwelt aussichtsreich angeschlossen und erfolgreich abgeschlossen werden können.*
2. *Eine Strategiedebatte, die eine ganze Unternehmung umfaßt, ist Voraussetzung dafür, daß in einem humanen System mit hohem Wirkungsgrad allerorten gemeinsam die Dinge getan werden, die erfolgreich zum Ziel führen.*

Es gibt keine andere Möglichkeit, als mit einer solchen Strategiedebatte dafür zu sorgen, daß im Unternehmen ›an einem Strang‹ gezogen wird. In Unternehmen, denen das immer wieder von neuem gelingt, wird auffallend wenig über diese Herausforderung lamentiert, vielmehr wird in der Kommunikation das Problem mit positiver Wertung gewendet, und im Verbund mit der entwickelten Strategie heißt es dann: ›Genau so sind wir, genau das wollen wir.‹

Die Strategie-Entwicklung im Unternehmen erhöht im Unternehmen die Wahrscheinlichkeit für das, was auch ›Die Große Linie‹ genannt werden kann[16], die eine günstige Bedingung für eine klare Linie in jedem Subsystem des Unternehmens ist. Und diese klare Linie in allen Subsystemen ist wiederum eine günstige Bedingung für Anschlußfähigkeiten und klare Linien in jedem einzelnen psychischen System, bei jedem einzelnen Mitarbeiter.

Wenn man eine Notwendigkeit von ›klaren Linien‹ behauptet, so muß aus systemischer Sicht im gleichen Atemzug Ambivalenz als Wert gewürdigt werden.

Exkurs 23 – Der Nutzen von Ambivalenz

»Die Wichtigkeit der Entscheidungsspaltung ist der Hauptgrund dafür, daß ein mit dem Organisieren verbundener Ratschlag lautet: ›Ambivalenz ist der beste Kompromiß.‹ Um die Weisheit dieses Ratschlages zu erkennen, beachte man, daß sich Individuen und Gruppen, wenn sie überleben sollen, sowohl egoistische als auch altruistische Motive bewahren müssen.« (Weick, 1996, S. 312).

»Beide sind überlebensrelevant, und beide müssen erhalten bleiben, wenn der Organismus und die Gruppe überleben sollen. Das bedeutet, daß abwechselnder oder gleichzeitiger Ausdruck dieser gegensätzlichen Tendenzen der Anpassung dienlicher sein wird als Zwischenlösungen oder Kompromisse. (...) Der entscheidende Punkt ist, daß bei der Verwirklichung der Kompromißlösung eine Gegenauslese gegen wichtige adaptive Reaktionen vor sich geht und daß nichtadaptive, gemäßigte Reaktionen erhalten bleiben. Sollte die Gruppe einmal in die Verlegenheit geraten, Bedrohungen ihrer Integrität abwehren zu müssen, oder sollte das Individuum seine eigene Integrität verteidigen müssen, könnte es sein, daß die entscheidenden Reaktionen nicht zur Verfügung stehen, weil nur ein Gemisch gespeichert wurde.« (ebd. S. 313[17])

Wimmer/Nagel streichen den periodischen Charakter einer Strategie-Entwicklung heraus: »Der Rhythmus, in dem sich ein Unternehmen zum Zweck der strategischen Überprüfung und Neupositionierung einer solchen selbstreflexiven Auszeit unterzieht, steht in engem Zusammenhang mit der Dynamik des jeweiligen Marktes, insbesondere mit dem Lebenszyklus der angebotenen Produkte und Dienstleistungen«[18] und fordern »Kommunikationsräume für den strategischen Dialog.«[19]

Der Strategie-Entwicklung kommt im operativen Fluß des Unternehmensalltags eine herausragende Bedeutung zu, aber das darf eine Unternehmung nicht dazu verführen, den Strategie-Prozeß als eine abgesonderte Sache aufzufassen. »Strategieentwicklung in diesem Verständnis ist kein mit großem Aufwand betriebener Sonderprozeß, den ein Unternehmen irgendwann einmal aus besonderem Anlaß auf sich nimmt. Vielmehr handelt es sich um einen intergralen Bestandteil des entsprechend komplex gebauten Führungsgeschehens.«[20]

Exkurs 24 – Menschen sind Sinnsucher

Man kann die Bedeutung der Strategie für ein Unternehmen auch sehr grundsätzlich begründen. Beginnen wir mit Luhmann: »Nicht alle Systeme verarbeiten Komplexität und Selbstreferenz in der Form von Sinn, aber für die, die dies tun, gibt es nur diese Möglichkeit. Für sie wird Sinn zur Weltform (...)«[21]. Was für einen Ameisenstaat die einfache Programmierung der Individuen im Verbund mit den Wegmarkierungen leistet, muß für Unternehmen in der Welt von Sinn realisiert werden. Und weiter mit Luhmann: »Sinn verweist immer wieder auf Sinn und nie aus Sinnhaftem hinaus auf etwas anderes. Systeme, die an Sinn gebunden sind, können daher nicht sinnfrei erleben oder handeln. Sie können die Verweisung von Sinn auf Sinn nicht sprengen (...). Innerhalb der sinnhaft-selbsreferentiellen Organisation der Welt verfügt man über die Möglichkeit des Negierens, aber diese Möglichkeit kann ihrerseits nur sinnhaft gebraucht werden.«[22] Das heißt, wenn Menschen überhaupt Empfindungen wahrnehmen, denken oder kommunizieren, dann bewegen sie sich in der Welt von Sinn, oder man kann auch sagen: in der Welt von Bedeutungen, und zwar gleich welchen Inhalts und gleich welcher Bewertung. Das ist also nicht im wertenden Sinn von ›sinnvoll‹ oder ›nicht sinnvoll‹ zu verstehen. Die Sinnwelt umfaßt jede Art von Sinn.

Wenn wir hingegen im Alltag sagen, etwas mache Sinn, dann verbinden wir damit eine positive Wertung, dann bewerten wir etwas als sinnvoll. Dieser wertende Alltagssinn des Wortes Sinn ist wohl kaum zufälliger Natur oder gar das Ergebnis einer gedanklichen Unbeholfenheit. Wenn man sich nämlich in der Welt des Sinns bewegt, also denkt oder kommuniziert, dann mag es abstrakt gleichgültig sein, ob Inhalte bewegt werden, die als sinnvoll oder unsinnig bewertet werden. Das eine geht, und das andere geht auch. Aber für die konkreten Akteure ist das *eine* keineswegs gleichwertig zum *anderen*. Selbst wenn wir ›Quatsch‹ machen, bewegen wir auf *sinnvolle* Weise Sinn, sinnvollen Unsinn eben – sonst lacht niemand. Was im Witz eingebracht wird, ist gerade der positiv zum Witz gewendete Sinn von Unsinn.

Es gibt eine ganze Sparte von Witzen, die ausdrücklich dieses Phänomen zum Thema haben, sie erzählen irgendeinen Unsinn und enden mit einem: »Des g'hört so.« Diese positiv wertende Wendung scheint einer Art Schwerkraft in der Sinnwelt von Menschen zu gehorchen. Selbst der negativste oder unsinnigste Inhalt bekommt diese positive Wendung verpaßt. Diese Wendung ist nicht immer zum Lachen. Häufig erscheint sie resigniert oder verbittert, wie in der Form von: »So sind sie halt, die Männer/Frauen« – und schon wird aus dem negativen bewerteten Sinn eine positive Erkenntnis, die nun wieder mit einem klaren ›Ja‹ bewertet werden kann. Das reine ›Nein‹, die ungebrochene Sinnlosigkeit als Abwesenheit positiv bewerteten Sinns, hält kein Mensch lange aus; dieser Zustand tendiert dazu, der ganzen eigenen Existenz einen negativen Sinn zuzuschreiben und dem Lebensende einen positiven.

Dieser Gedankengang ist keineswegs nur für die Psychotherapie bedeutsam, sondern gerade auch für Unternehmen. Wenn eine Unternehmung nicht dafür sorgen kann, daß die Personen ihr Erleben im Unternehmen mit positiv bewertetem Sinn versehen können, dann werden sie ihre negative Wertung in eine positive, aber resignative oder bittere Erkenntnis umwandeln – »Ja, so läuft der Laden hier eben« – nicht selten noch abwertender. Die negative Bewertung kippt quasi unverändert ins Positive und verhärtet sich. Wer je versucht hat, einer derart gekippten Negativ-Wertung zu widersprechen, sei es gegenüber anderen Personen oder auch innerpsychisch bei sich selbst, weiß von dieser Verhärtung. Unternehmen, die es nicht verstehen, die Sinnsuche mit ihrer eingeprägten Tendenz zum Positiven durch eine sinnstiftende Strategieentwicklung ausdrücklich, proaktiv und authentisch positiv zu gestalten, erkennt man an der spürbaren Bitterkeit in den eher verborgenen Bereichen ihrer Kommunikation.

Ganz anders ist die Situation in Unternehmen, in denen nicht nur in glücklichen Momenten vom Vorstand bis in die gesamte Belegschaft eine klare Antwort auf die Fragen gelebt werden kann: *Wer sind wir? Wie machen wir etwas?* Diese Klarheit hat eine starke Ausstrahlung in den emotionalen Bereich, der anspornend in die Kommunikation zurückwirkt.

Mit Blick auf die Umwelt ziehen Wimmer/Nagel für die Bedeutung von Strategieentwicklung folgendes Resümee: »Wer nicht selbst in den Branchenvorausblick investiert, wird sich früher oder später mit weitblickenderen Konkurrenten konfrontiert sehen.«[23]

6 Verfahrensweisen der Reentry-Kommunikation

Im letzten Kapitel habe ich die Bedeutung von Strategie entwickelt, und zwar ausgehend von der Vorstellung des Unternehmens als einem pulsierenden Gewebe, das ausschließlich aus Kommunikationen besteht. Dieses Gewebe, das kein dingliches Gewebe ist, kann nur durch eine ausdrückliche oder wenigstens implizite Strategie eine einheitliche Orientierung gewinnen. Ein weiteres Kapitel zuvor wurde herausgearbeitet, daß diese Orientierung, auch nach innen bei der inneren Umwelt des Unternehmens, den Mitarbeitern, Anschluß finden muß, um wirken zu können. Damit nicht genug – dieses Anschlußfinden ist keine einmalige Angelegenheit. Dieser Vorgang hat nichts von der Mechanik einer Steckverbindung.

Wir haben also drei Phänomene: zum einen das gesamte Gewebe aus Kommunikationen; darin enthalten haben wir zum zweiten die Strategie als kommunizierte Idee, also als ein orientierungstiftendes Element in diesem Gewebe; und wir haben zum dritten die mentalen Orientierungen der je einzelnen Personen, und diese drei Phänomene sind je für sich dynamischer Natur, ebenso ihr Zusammenwirken. Oder um es anschaulicher zu formulieren, all diese Phänomene sind lebendig. Was lebendig ist, bewegt, beschleunigt und verändert sich ohne Unterbrechung. Wenn wir nun sagen, ein Unternehmen sei in diesem Sinne ebenfalls lebendig, dann bedeutet das, daß die Kommunikationen mit ihrer Orientierung in jedem Moment neu entstehen, eben lebendig. Wenn also keine ständige Neubelebung *einer bestimmten Strategie* erfolgt, wandelt sich diese Orientierung unvermeidlich ›unter der Hand‹ *in irgendeine andere Strategie.*

Der beschriebene Prozeß ist zunächst rein kommunikativer Natur. Es handelt sich um einen dynamischen *Prozeß* im Unternehmen und gleichzeitig um den entscheidenden *Prozeß* für das Unternehmen. Diese letzten beiden Sätze dürften in dieser Form ausreichen, um sofort bei vielen Personen, die in einem modernen Unternehmen zu tun haben, eine Frage auftauchen zu lassen – nämlich *die Frage nach der Prozessicherheit dieses Prozesses.* Zumindest alle die an Fertigungsprozessen beteiligt sind, insbesondere solche, die mit Qualitätssicherung betraut sind, können den Begriff ›Prozeß‹ nicht denken, ohne sofort an *Prozessicherheit* denken zu müssen – das ist schließlich ein essenzieller Bestandteil ihres Know-hows.

Im realen Unternehmensalltag wird diese Frage von den selben und anderen Personen aber nicht im Zusammenhang mit der alltäglichen Kommunikation im Unternehmen aufgeworfen. Wenn man der Idee folgt, das Zentrale bei Kommunikation seien Personen, oder genauer, zentral seien die (Charakter-)Eigenschaften der beteiligten Personen, dann kann man den Kommunikationsprozeß schwerlich als eigenständigen Prozeß wahrnehmen. Der Wissenschaftsphilosoph Karl Popper hat dieses Phänomen sinngemäß so beschrieben: ›Beobachten ist stets beobachten im Licht von Theorien‹[1].

Die hier als wesentlich bewerteten kommunikativen Prozesse werden kaum und schon gar nicht regulär hinterfragt. Sie werden im Unternehmensalltag oft noch als einfach gegeben angenommen und hingenommen. Kommunikation wird bislang in Unternehmen eben noch nicht ausdrücklich als ›*Prozeß*‹ betrachtet und diskutiert.

Unternehmen bewegen sich zumeist noch in einer vergleichbaren Entwicklungsphase wie Fußballmannschaften, als diese sich die Kommunikation der Spieler im Raum noch nicht bewußt gemacht hatten. Sie hatten die Begriffe ›Spiel ohne Ball‹ oder ›ballorientierte Raumdeckung‹ noch nicht erfunden und sich zu eigen gemacht. Der Begriff ›Spiel ohne Ball‹ muß vielen Fußballfachleuten zu Beginn seiner Entstehung ziemlich idiotisch vorgekommen sein. ›Spiel *ohne* Ball – so ein Blödsinn‹, werden viele gedacht und argumentiert haben, ›man braucht doch den Ball, damit man ihn ins gegnerische Tor treten kann, also ist das Spiel *mit* dem Ball das, worauf es ankommt. Schließlich haben wir sowieso schon viel zu selten den Ball.‹ – Eben! bekamen sie zur Antwort. Ganz ähnlich werden heute viele Manager denken und argumentieren: ›Was! Jetzt sollen wir auch noch darüber reden, wie wir reden? So ein Blödsinn, es wird doch sowieso schon viel zu viel geredet statt produziert und Effizienz gesteigert!‹ – ›Eben‹ lautet auch hier die Antwort. Beim Fußball werden fern vom Ball im Spiel ohne Ball die Voraussetzungen für den Torerfolg geschaffen. Und in Wirtschaftsunternehmen werden in Distanz zum operativen Geschäft die Voraussetzungen für den Erfolg dieser humanen Organisation geschaffen, nämlich dann, wenn diese Distanz auf kluge Weise initiiert und genutzt wird, um die Kommunikationsprozesse zu verstehen und zu verbessern.

Mit diesem Kapitel verfolge ich das Ziel, den tendenziell nur impliziten oder noch unbewußten, aber jedenfalls nicht proaktiven Umgang mit Kommunikation im Unternehmen um einen wesentlichen Schritt weiter zu führen, in dem wir diese Kommunikation mit den mentalen Modellen der bisherigen Kapitel neu reflektieren.

In Kapitel 2 hatte ich geschrieben: »Kommunikation, Verstehen und Selbstreferenz können von einem sozialen System weder versäumt werden, noch müssen sie (voluntaristisch) aufgezwungen werden. Nicht das ›Ob‹ steht praktisch und theoretisch in Frage, sondern das ›Wie‹ und ›Was‹.« Nun sind wir in dieser Abhandlung weit genug gelangt, um die Frage nach dem ›Wie‹ und ›Was‹ unmittelbar in Angriff nehmen zu können.

Der Gegenstand der Betrachtung, das ›Was‹ also, ist schlicht die Kommunikation selbst. Es geht darum, die aktuellen Kommunikations-Beziehungen der Personen im Unternehmen einer Bearbeitung durch diese Personen selbst zugänglich zu machen. Dies kann natürlich auch wieder nur kommunikativ geschehen. Das Ziel lautet, kommunikative Verfahrensweisen aufzuzeigen (das ›Wie‹), mit deren Hilfe die Kommunikation im Unternehmen sich selbst betrachten und bearbeiten kann. Dies muß in geeigneten zeitlichen Abständen routinemäßig geschehen können. Damit diese Verfahren das leisten können, müssen sie Kommunikation auf irgendeine sinnfällige Weise beobachtbar machen, und je einfacher dies erfolgen kann, desto besser.

Exkurs 25 – Prozesse mit Reentry sind immer für Überraschungen gut

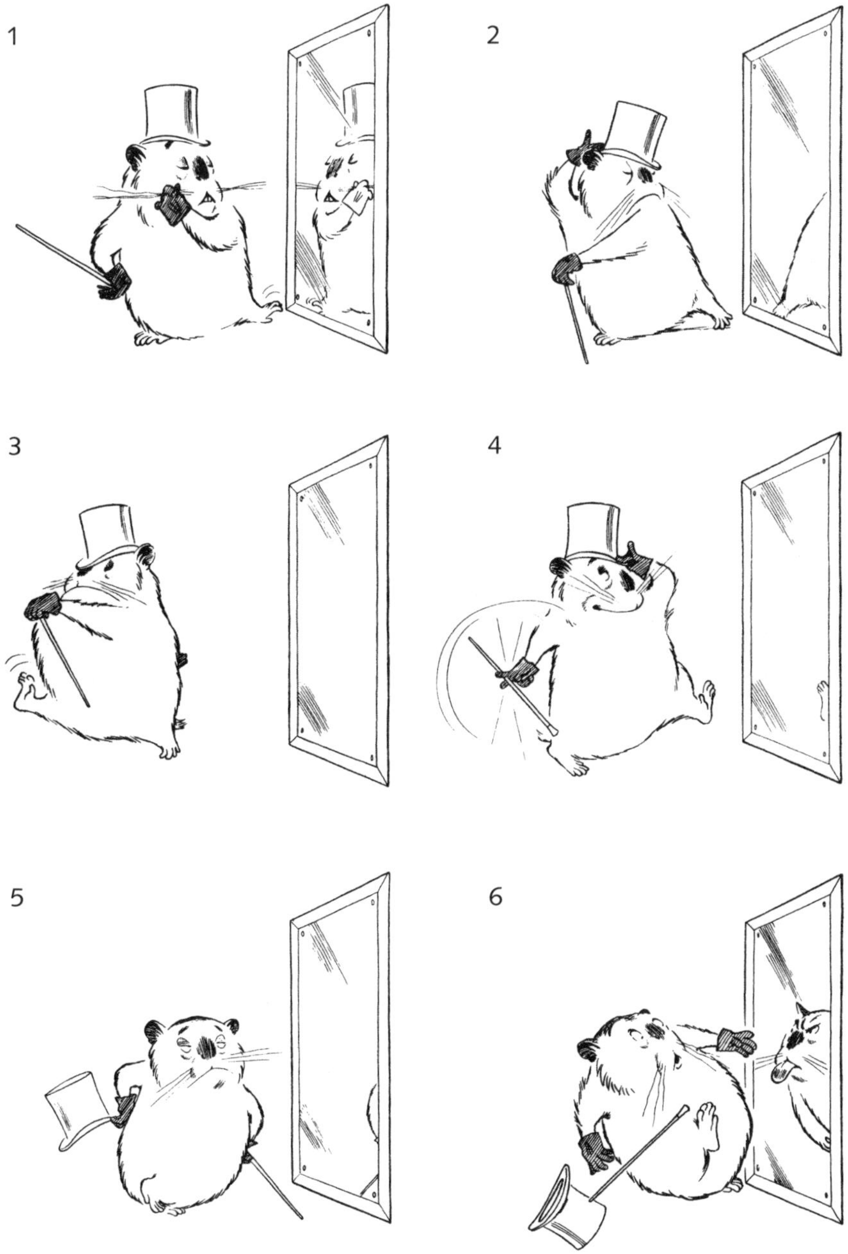

Die Kommunikation tritt also mit den Verfahren, die ich im folgenden behandelt werde, wieder in sich selbst als Gegenstand ein. Um diesen Vorgang auch begrifflich klar identifizieren zu können, schlage ich den Begriff ›Reentry-Kommunikation‹ vor. Im folgenden werden verschiedene Verfahrensweisen beschrieben und nach ihren Potentialen analysiert.

Zunächst untersuche ich einige altbekannte kommunikative Formen, die jedem ganz geläufig sind, die nun aber quasi im Licht der Systemtheorie mit einem vielleicht überraschenden Potential neu auftauchen, zumal als integrierter Bestandteil von Reentry-Verfahren. Ich beginne mit dem Kommunikationselement Frage.

6.1 Fragen bewegen

Man kann sagen, eine Frage tauche dann auf, wenn *jemand* etwas in Erfahrung bringen will oder nicht weiß. Wenn wir es unabhängig von Personen beim Beschreiben belassen, so können wir sagen: Eine Frage ist zunächst einmal ein Kommunikationselement, das zur Fortsetzung der Kommunikation einlädt und sie richtet das Interesse im aktuellen Gespräch dorthin, wo neue und weiterführende Antworten noch im Unklaren liegen. Darüber hinaus handelt es sich also um ein Kommunikationselement, mit dem das Thema der unmittelbar folgenden Kommunikation zumindest auffordernd bezeichnet wird. Von dieser Überlegung kann man den Denkspruch – ›Wer fragt, der führt‹ – unmittelbar ableiten.

Kommen wir zu der Vorstellung zurück, ein soziales System als ein pulsierendes Gewebe aufzufassen, das aus Kommunikationsschleifen besteht. Fragen sind dann ein hervorragend geeigneter Treibsatz für diese Kommunikationsschleifen. Fragen provozieren Anschlußfähigkeiten aufzutauchen. In dieser Hinsicht sind sie Antworten weit überlegen. So fördern sie alles nur irgendwie Passende für die Kommunikation zutage.

Fragen sind immer dann das effektivste Kommunikationselement, wenn eine Entscheidung über Mehrdeutigkeiten ansteht oder vorbereitet werden soll und wenn man erwarten kann, daß Wissen vorhanden ist, das diese Mehrdeutigkeit einschränken hilft. In einem Unternehmen ist das eigentlich immer der Fall, mit einer wichtigen Ausnahme, wenn man eine Entscheidung nicht (länger) aufschieben darf, sofern man keine Nachteile in Kauf nehmen will. Allein das Wissen darum, daß ein solcher Zeitpunkt existiert, der nie berechenbar sein wird, muß dem System genügen, um Handlungsfähigkeit aufzubauen.

Fragen sind ein hervorragend geeignetes Kommunikationselement, mit dem sich ein Unternehmen selbst verstehen lernt. Weick hebt diesen Punkt mit den Worten hervor: »... daß Organisationen immer und immer wieder mit sich selbst reden, um herauszufinden, was sie denken«.[2] Die Frage: »Wohin steuert das Unternehmen?« fördert in diesem Zusammenhang mehr Klärendes zutage, als eine Antwort es je vermöchte, zumal wenn diese Frage in geeigneten Abständen immer neu gestellt wird. Und die Beschäftigung mit dieser Frage ist nicht nur eine günstige Bedingung dafür, daß letztlich ein erfolgversprechender Kurs in bezug auf die Umwelt gefunden wird, sondern *der Verstehensprozeß, der mit der Behandlung dieser Frage verbunden ist, erhöht die Wahrscheinlichkeit, daß alle Personen, die an diesem Prozeß mit eigener mentaler Aktivität beteiligt waren, anschließend ein recht ähnliches Verständnis in sich tragen und die Ergebnisse höchstwahrscheinlich auch in gleichsinniges Handeln umsetzen werden.* Somit können wir festhalten, daß die Bedeutung von guten Fragen für den erfolgsentscheidenden Erkenntnisprozeß über die konkret und derzeit vorhandene System/Umwelt-Differenz kaum überschätzt werden kann.

Mit selbstbezüglichen Fragen haben wir auch ein erstes Kommunikationselement, das eine sich selbst betrachtende Kommunikation eröffnet (z. B. »Wie stehen Sie zueinander?«). Natürlich sind auch Statements *über* die aktuelle Kommunikation, die in der Kommunikation auftauchen, Reentry-Kommunikation. Wenn einer sagt: »Jetzt drehen wir uns schon eine halbe Stunde im Kreis", dann spricht er einerseits innerhalb dieser Kommunikation, aber er spricht auch aus einer Meta-Position über das

Gespräch selbst. Damit entsteht etwas anderes oder etwas Besonderes, eine Form von Reentry-Kommunikation, allerdings noch wenig ausdifferenziert.

6.2 Zirkuläre Fragen

Fritz B. Simon hat mit Christine Rech-Simon ein Buch mit dem Titel »Zirkuläres Fragen« im therapeutischen Beratungskontext geschrieben.[3] Grundlegendes zu diesem Thema kann man ohne weiteres auf den Unternehmenskontext übertragen. Im Prinzip funktioniert solch eine Frage auch ohne neutrale Person, oder auch im Setting: Berater mit einem Klient. Aber ›klassisch‹ ist dafür das Setting: Berater mit einem Kommunikationssystem, das von mehreren Personen erzeugt wird.

- »Was, glauben Sie, wäre für Ihren Mitarbeiter ein sehr gutes Ergebnis dieses Gesprächs heute?« – »Was, glauben Sie, schätzt Ihr Chef an Ihnen?«
- »Was müßten Sie jetzt tun, um eine Verständigung zwischen Ihnen zu erleichtern/erschweren?« – »Glauben Sie, daß Herr X. überhaupt noch eine Chance für Ihre Zusammenarbeit sieht?«
- »Was glauben Sie, wie Ihre eben gemachte Äußerung auf das Team wirkt?«

Dies alles sind Beispiele für zirkuläre Fragen. Sie sind in Form und Inhalt so vielfältig möglich wie andere Fragen auch, aber sie zeichnen sich durch eine Besonderheit aus: Zirkuläre Fragen sind immer indirekt formuliert, ›über die Bande‹ quasi. Man fragt, was *Andere* denken, empfinden oder tun würden usw. Mit diesen Fragen wird nie nach sogenannten ›Tatsachen‹ gefragt. *Schon diese Frageform legt nahe, zumindest für einen Moment ausdrücklich im Subjektiven zu verweilen, als gäbe es nichts anderes.* Und es sind natürlich bevorzugt Fragen, die beziehungsrelevante Themen aufgreifen. Auch dieses ›Tool‹ darf man nicht schematisch anwenden. Auf einer besonderen Vertrauensbasis kann überraschend viel Bewegung damit angeregt werden, aber ohne Vertrauen gar nichts.

Die Fragen bleiben zwar scheinbar personenzentriert (»Was glauben *Sie*, daß *er* ...«), aber man kann sich diesen Fragen nicht aussetzen, ohne daß sich der eigene Fokus von der Person weg in den Beziehungsraum zwischen den Personen bewegt. Zur Verdeutlichung nehme ich eine grenzwertige Intervention (Grenzwertbetrachtung) und vergleiche die Fragen: (1) »Glauben Sie, daß Ihr Chef unfähig ist?" mit der zirkulären Frage (2) »Glauben Sie, daß Ihr Mitarbeiter Sie für unfähig hält?« Sicherlich würde niemand bestreiten, daß diese extrem negative Wortwahl in beiden Fällen nur für kaum auftretende Ausnahmen klug gewählt erscheint. Schon hier im Text wirken die Fragen impertinent und schwer erträglich. Mit der direkten Frageform werden beide Gesprächspartner auf eindeutige und ungute Weise wertend ›festgenagelt‹. Durch diese Frage werden beide in eine schwierige Lage gebracht; denn wie sollen sie überhaupt noch ein ›Nein‹ glaubhaft vermitteln? Hier zeigt sich, welche Macht von Fragen auf Kommunikation ausgeht. Auch wenn man hinterher naiv beteuert: »Ich frag doch bloß« – ändert das nichts daran, wie massiv die Intervention wirkt, gerade auch weil der Fragende etwas einstreut und sich währenddessen unangreifbar gebärden kann. Eine positive Wirkung der konkret genannten Frage (1) könnte allerdings darin bestehen, daß beide Personen sich plötzlich verbünden und sich gegen die Frage und den Frager wehren. Demgegenüber platziert die zweite Frage (2) keine Negativwertung wie einen Magneten im zwischenmenschlichen Raum. Die zirkuläre Frage macht lediglich eine Negativwertung zwischen zwei Personen ausdrücklich zum Gesprächsthema. Das mag heikel sein, aber diese zirkuläre Frage ist vielleicht die einzige chancenreiche Möglichkeit, ein *bereits virulentes Thema* offen anzusprechen. Denn der Fokus wird zwischen die Personen gelegt, und allein diese Bewegung eröffnet neue Perspektiven.

Bevor ich diesen Gedankengang weiterverfolge, befasse ich mich noch mit der Systematisierung von Fragen, indem ich die Systematisierung von Prozessen mittels Verfahrensweisen oder Verfahrensbeschreibungen untersuche.

6.3 Die Verfahrensbeschreibung als Innovation

Verfahrensbeschreibungen sind Ergebnis der Systematisierung einer Frage. Sie sind die Antwort auf die Systematisierung der Frage nach dem ›*Wie*‹ – wie machen wir etwas? Mit der Beobachtung der Verfahrensweisen in einem Unternehmen treten aus der unüberschaubaren Masse von Einzelereignissen Muster innerhalb des Systems hervor, und zwar solche, die ein Bild reduzierter Komplexität liefern. Damit löst man sich in der Beobachtung oder Selbstbeobachtung von dem mühseligen und immer wieder scheiternden Unterfangen, das ständig sich wandelnde soziale System in einer zusammengestückelten Sammlung von Einzelereignissen bannen zu wollen, die dem realen Gang der Ereignisse immer hinterherliefe.

Das Herausarbeiten von Verfahrensweisen setzt Selbstbeobachtung voraus, fördert sie und schafft geeignete situationsunabhängige Prämissen. Ab einer gewissen Komplexität des Systems macht die Beobachtung von Verfahrensweisen die Beobachtung überhaupt erst möglich. So kommen wir direkt wieder zu dem, was oben »Gewebe aus übergreifenden reflexiven Schleifen« genannt wurde. Und Verfahrensbeschreibungen können darin als potentes Element auftauchen, das kreative und nützliche Veränderungsmöglichkeiten aufzeigt und dadurch anregt. Ein weiterer Nutzen dieser *Wie*–machen–wir–etwas–Fragen und der Verfahrensbeschreibungen, die sich daraus ergeben, besteht in der Sicherung von Prozessen, bei gleichzeitiger Offenheit und Flexibilität gegenüber dem, was darüber hinaus im einzelnen getan wird.

Die heutige Kommunikation in Unternehmen wird meist nur sporadisch von qualifizierten Reflexionsprozessen unterstützt und verbessert. Meist werden die Beteiligten erst dann gemeinsam auf der Metaebene aktiv, wenn sich die Situation bereits zu einer kommunikativen Katastrophe entwickelt hat. Zugespitzte Feind-Bilder lähmen, man will sie ungern offenlegen. Man will nicht darüber sprechen, wie sehr man im Streit liegt, weil offensichtlich werden könnte, wie sehr man im Streit liegt. Ungefährlicher scheint es, einen weiteren ›noch besseren‹ Versuch zu starten, sich endlich durchzusetzen – also weiter zu streiten. Von daher ist die Einführung von *routinemäßigen* Verfahren der entscheidende Schritt, der die einzelnen Personen von der Entscheidung entlastet, eine bislang unübliche Initiative zu ergreifen. Nur mit *regulären und unternehmensweiten* Verfahrensweisen kann die natürliche Trägheit der althergebrachten Gewohnheit umgesteuert werden, alles andere bliebe im Unternehmensalltag Stückwerk mit geringer und kurzlebiger Wirkung.

Exkurs 26 – Qualitätssicherung – ergebnisoffen zum Ziel

Bei dem Begriff Qualitätssicherung (QS) denkt man zuerst wohl an Fertigungsprozesse. Man denkt daran, daß ein bestimmtes Bauteil in einer bestimmten Qualität hergestellt werden soll. Man denkt auch daran, wie schwierig das mitunter ist, und das Schwierigste ist vielleicht der Umgang mit dem Gedanke, man könnte nur darauf stoßen, daß es (wieder) nicht geklappt hat.

Im folgenden beschreibe ich aus der Sicht eines Zulieferers. Das Ziel des Fertigungsprozesses ist in einer Fertigungszeichnung eindeutig innerhalb bestimmter Toleranzen festgelegt. Wozu also noch besonders die Qualität sichern, wenn mit der Zeichnung doch offensichtlich und zweifelsfrei kommuniziert ist, wie das Bauteil exakt auszusehen hat, damit es einwandfrei ist? Man muß doch höchstens noch nachmessen, nacharbeiten oder Gutteile vom Ausschuß trennen?

Diese Überlegung ist ja nicht verkehrt, sondern führt zur Qualitätssicherung 1. Ordnung – das Bauteil wird geprüft und daraufhin freigegeben oder nicht. Das Besondere an diesem Prüfschritt ist aber schon hier, daß er im engen Sinne nicht wertschöpfend ist. Und *es ist ein ergebnisoffener Arbeitsgang* – muß ergebnisoffen sein, denn nicht eine bestimmte Qualität herzustellen ist das unmittelbare Ziel von diesem Schritt, sondern das Ziel besteht einzig darin, herauszufinden, ob das Bauteil innerhalb der Toleranzen gefertigt wurde oder nicht. Dieser Arbeitsgang unterscheidet sich somit grundsätzlich von allen Arbeitsgängen zuvor, mit denen das Bauteil hergestellt wurde.

Bei diesem Arbeitsgang ist es auf einmal so, daß jedes Ergebnis dieses Arbeitsschrittes das richtige und gewünschte ist, *sofern* es nur der Wahrheit entspricht. Dieses Ethos muß für QS-Leute oberste Priorität haben. Man kann sich diesen Sachverhalt gar nicht sorgfältig genug klarmachen. Denn genau an diesem Sachverhalt entzündet sich einer der klassischen und wahrscheinlich häufigsten und heftigsten Konflikte in Unternehmen, nämlich der Konflikt zwischen Fertigung und QS. Dies ist, wie nicht selten, ein strukturbedingter Konflikt, oder man kann auch sagen: Ein Zielkonflikt. Unternehmen, die es verstanden haben, ihre Fertigungsmannschaft mental für die Qualitätsprüfung zu gewinnen, hatten klare Wettbewerbsvorteile gegenüber jenen, die den Konflikt als Kampf zwischen Personen austrugen.

Nun könnte man wie die Fertigungsleute der frühen Jahre annehmen, man habe genug verstanden, um das Qualitätsproblem ein für allemal sauber zu lösen. Die Teile müssen innerhalb der Toleranz gefertigt werden, dann wird, so schwer einem das fallen mag, mitleidlos geprüft – fertig!

Aber, so mußte man bald feststellen, so kann man Qualität nicht herstellen, oder genauer, man kann es vielleicht schon, aber nicht wettbewerbsfähig. Also fing man an, bereits während des Produktionsprozesses ergebnisoffene Prüfungen durchzuführen. Damit pflanzte man mit Sicherheit weitere Konfliktherde wie Sprengsätze in den Fertigungsablauf. Doch das konnte die Entwicklung nicht aufhalten. Zu stark ist die Logik, frühzeitig in der Produktion nachzusteuern, statt an bereits schadhaften Teilen weiterzuarbeiten.

Eine Zeitlang konnte man sich mit diesem Konzept endlich wieder an die Arbeit machen, ohne sich mit weiteren Gedanken und Diskussionen aufhalten zu müssen. Doch bald – es war wie verhext – erschienen erneut Wettbewerber, die bessere Qualität zu günstigeren Preisen auf den Markt brachten. Was war geschehen? Andere Unternehmen hatten in Erfahrung gebracht, daß die Effektivität der Fertigung mit bestimmten weiteren ergebnisoffenen und im engen Sinn nicht-wertschöpfenden Arbeitsgängen nochmals entscheidend gesteigert werden kann. Immer häufiger war der Begriff ›Prozeßsicherheit‹ zu hören. Techniker und Fertigungsleute mußten sich mit ›bürokratischen Formalismen‹ herumquälen, mußten Verfahrensanweisungen erstellen, befolgen und deren Einhaltung kontrollieren. Statt Mensch und Maschine optimal auszulasten, mußte man Stunden und Tage mit so schrecklichen Wortungetümen verbringen und ebenso schreckliche Gehirnakrobatik betreiben und mußte allen Ernstes ›Fehler-Möglichkeits-Ereignis-Analysen‹ (FMEA) vornehmen. Man mußte einige Erfahrungen sammeln, um die Anwendung der Normen von unnötigem Ballast zu befreien. Dieser Wandel ist sicherlich noch nicht abgeschlossen. Aber der Lernprozeß festigt den Standard nun auf lange Sicht. Und wenn ein Unternehmen heute einen Auftrag bekommen will, dann interessiert den Kunden die Qualitätszusage nicht so sehr, denn die ist auf einmal selbstverständlich – er interessiert sich für etwas anderes. Er vergibt den Auftrag erst, wenn er eine überzeugende Antwort auf die Frage erhält: *Wie genau* wollt ihr das eigentlich schaffen?

So hielt die Qualitätssicherung 2. Ordnung in Unternehmen Einzug – die Sicherung von Prozessen, oder genauer gesagt, die Implementierung von Reflexionsschleifen wurden Pflicht, in denen die ergebnisoffene Betrachtung des Produktionsprozesses in Verfahrensanweisungen festgeschrieben war, mit der Leitfrage – *Wie* machen wir etwas?

Die Unternehmen wurden somit von außerhalb buchstäblich gezwungen, auf bestimmte Art intern zu kommunizieren. Das ist ein Vorgang von beträchtlicher Tragweite. Sie wurden gezwungen, intern und teilweise gar nach außen dokumentierbar darüber zu kommunizieren, *wie* sie arbeiten und kommunizieren. Der Druck erfolgte vom Kunden, von dem sie, so können wir systemtheoretisch formulieren, penetriert werden. Die Autopoiese der Zulieferer wird dadurch natürlich ›gestört‹. Das wird als penetrant erlebt. Und natürlich gelingt so etwas nicht ohne Widerstände. Das darf auch gar nicht anders sein, wenn ein soziales System, dessen Elemente Kommunikationen sind, von Selbsterhaltungswillen durchdrungen ist. Aber wenn es einzelnen Unternehmen gelingt, diesen Anspruch proaktiv in ihre Identität zu integrieren, dann sehen die anderen alt aus. Und tatsächlich gab und gibt es in Unternehmen

Personen, die heilfroh waren, daß endlich mal aufdeckend Rechenschaft darüber abgelegt werden mußte, *wie* etwas gemacht wird. Die QS 2. Ordnung war ganz klar bereits anschlußfähig. Auf diese Weise war nämlich Schluß mit manch einem althergebrachten ›Schlendrian‹.

Nebenbei bemerkt: Es ist ein vielsagendes, aber problematisches Vorurteil, die positive Triebkraft für eine solche Entwicklung nur bei den ›Topleuten‹ zu vermuten. Wie häufig sagt solch ein Vorurteil mehr über den aus, der es hat, als über die Personen, über die geurteilt wird. Tatsächlich ist ein kritisches Herangehen an den Status quo häufig bei Personen gut anschlußfähig und bestens aufgehoben, die als eigensinnige ›Quertreiber‹ gelten.

Jedenfalls ist heute die systematisierte Reflexion von Fertigungsprozessen schlicht Standard, und dieser ist in einem Normenpaket beschrieben und festgelegt (DIN/ISO 9000). Ein Unternehmen des produzierenden Gewerbes, das diesen Standard nicht beherrscht, braucht heutzutage gar nicht erst anzutreten, es hat schon verloren und ist am Markt nicht anschlußfähig. Allerdings muß dazugesagt werden, daß nicht die unkritische Anwendung des Formalismus den Fortschritt bringt. Prozesse sind selten so weit objektivierbar. Entscheidend ist die Art und Weise, *wie* Personen mit dem Formalismus im Unternehmen arbeiten, *wie* die Kommunikation rund um den Prozeß tatsächlich untersucht und verändert wird. Man kann DIN/ISO 9000 auch als Fassade benutzen, um Prozeßsicherheit vorzutäuschen, ohne daß *der reale Prozeß von einem Meta-Prozeß wirklich bewegt wird.*

Qualitätssicherung wird heute überwiegend noch als Sicherung von Fertigungsprozessen verstanden. Man reflektiert sorgfältig und Schritt für Schritt diesen Prozeß, insbesondere um die Schwachstellen darin zu identifizieren. Bei Bedarf wird der Prozeß so verändert, daß mit genügend hoher Wahrscheinlichkeit keine Fehler mehr auftreten können. Das Ziel heißt: Null Fehler.

Dieses Ziel wurde erst dadurch realistisch, daß der Fertigungsprozeß nicht nur um QS-Maßnahmen 1. Ordnung ergänzt wurde, sondern vor allem auch um QS-Maßnahmen 2. Ordnung. Damit wird der Fertigungsprozeß um zwei entscheidende Elemente ergänzt. Er wird durchleuchtet und mittels ergebnisoffener Schritte (1) ergänzt, und zwar mittels Prüfungen und Analysen, und er wird um Verfahrensanweisungen (2) ergänzt, in denen festgelegt ist, was geprüft und analysiert wird und wie dies geschehen soll, und insbesondere, wie die Ergebnisse zu dokumentieren/kommunizieren sind. Dieses gesamte Vorgehen, dieser Meta-Prozeß, ist heute unbestrittene Voraussetzung für die Erhöhung der Sicherheit und auch der Effizienz der Prozesse hinsichtlich der Kosten. Diese Sicherheit ist wiederum nichts Statisches, vielmehr sichert der Meta-Prozeß ›nur‹ die permanente Evolution der Prozesse. Und genau diese Evolution ist das eigentliche Ziel; denn jeder der am Prozeß Beteiligten ist sich darüber im klaren, zumindest implizit, daß es absolute Sicherheit und damit eine Art Endpunkt der Entwicklung einfach nicht gibt.

Es überrascht nun nicht mehr, wenn ich sage, daß dieser Meta-Prozeß überwiegend aus Kommunikation besteht, aus zwischenpersönlicher, schriftlicher und bildhafter Kommunikation.

Gegenstand dieser möglichst präzise definierten Kommunikation ist gemäß der obigen Betrachtung der Fertigungsprozeß. Seit geraumer Zeit hat man aber schon begonnen, auch weitere Prozesse durch ähnliche Meta-Prozesse zu ergänzen. Konstruktionsprozesse, Entwicklungsprozesse, überhaupt jede Art von Projekten werden immer umfassender in ihrem Ablauf nach bestimmten Regeln reflektiert, und zwar im Vorfeld, begleitend sowie zum Abschluß. Das Denken in Prozessen bringt eine eigene Dynamik hervor und macht neben der Reflexion der Qualität auch die Reflexion anderer Kriterien wie Kosten und Terminen anschlußfähig.

Hier nun mache ich den Vorschlag für einen weiteren Schritt, nämlich die Kommunikation selbst zum Gegenstand von *regulärer* Reflexion im Unternehmen zu machen. Reflexion an sich, Reflexion von Dingen und von Kommunikation, gab es schon immer. Menschen haben schon immer alles Mögliche geprüft und analysiert, haben nachgedacht, symbolisiert und dokumentiert. Das entscheidend Neue ist, diese Reflexion der Kommunikation bewußt, ausdrücklich und gemäß geeigneten und festlegbaren Verfahren durchzuführen. Dies verbinde ich mit dem Begriff ›Reentry-Kommunikation‹ – die in sich selbst wieder eintretende oder sich selbst betrachtende Kommunikation. Natürlich ist das eine Weiterentwicklung von Kommunikation, aber es ist eben *eine bestimmte* Kommunikationsentwicklung und verdient eine eigene Benennung. Mit diesem Begriff ist die Systematik verbunden, mit der der Meta-Prozeß die kommunikativen Prozesse begleiten soll, und zum zweiten spezielle Kommunikationsweisen, sogenannte Tools, die geeignet sind, Reentry-Kommunikation zu fördern oder auf eine bestimmte explizite Weise zu ermöglichen, in dem die Kommunikation gewissermaßen sichtbar, aber jedenfalls besser beobachtbar wird.

Exkurs 27 – Ein ›Abstaubertor‹ ist auch ein Tor

Der Begriff ›Reentry‹ stammt so wenig wie der Begriff ›Kommunikation‹ von mir, auch nicht die Verbindung beider. Reentry stammt vielmehr von George Spencer Brown (vgl. »Laws of Form«). Die sich selbst betrachtende Kommunikation ist als Phänomen wie gesagt ohnehin nichts Neues. Die meisten Verfahren, die ich beschreiben werde, sind nicht neu erfunden. Verfahrensanweisungen als solche natürlich auch nicht. Somit liegt alles bereit, man muß es nur zusammenführen (das erst ist wirklich neu) – und einen passenden Begriff dafür finden: ›Reentry-Kommunikation‹.

Dieser neue Vorschlag scheint vor allem deshalb heute schon sehr aussichtsreich zu sein, weil Unternehmen dies in Ansätzen längst tun. Längst gibt es Gepflogenheiten, mitunter gar in Form von Anweisungen beschrieben, welche Kommunikationen durchgeführt werden und wie sie durchgeführt werden. Denken wir etwa an jährliche ›Mitarbeitergespräche‹, an ›Führungsgespräche‹ oder ›Ziel-Erreichungsgespräche‹, den ›Führungs-Dialog‹, denken wir an die regelmäßigen Runden, an ›Team-Meeting‹, ›Jour fixe‹, ›Regelkommunikation‹ und wie diese Kommunikationsprozesse eben genannt werden. Auch bestimmte Personalereignisse wie Einstellungen, Beförderungen, Abteilungs- oder Projektteambildungen werden von mehr oder weniger regulären Personalentwicklungsmaßnahmen begleitet. In diesem Zusammenhang sind natürlich auch Konfliktmoderationen zu nennen sowie Coachingmaßnahmen oder Nachfolgeregelungen und dergleichen mehr.

Neu ist in erster Linie, daß all diese Dinge nicht mehr nur fragmentarisch und sporadisch erscheinen, daß sie nicht mehr nur bei eklatanten Problemen eingesetzt werden oder daß sie gar als luxuriöses und eigentlich entbehrliches Vorhaben angesehen werden, sondern daß sie ausdrücklich in einen großen, unternehmensweiten und bewußt gestalteten Rahmen integriert werden – in den strategischen Rahmen des Unternehmens.

Mit diesem Konzept bekommt der Stab für Personalentwicklung im Unternehmen eine feste Arbeitsgrundlage und einen umfassenden und klaren Auftrag, und der lautet: Sicherung der Qualität der Kommunikationsprozesse im Unternehmen. Die Fachleute in den Personalentwicklungsabteilungen (mitunter werden sie mit implizit zweifelhafter Wertung ›Sozialberater‹ genannt) können die Fachleute für Kommunikation im Unternehmen werden. Das ahnen zwar viele, aber das weiß kaum noch jemand, weil es so nicht gelehrt und im Unternehmen nicht kommuniziert wird, weil diese potente Funktion im ganzen noch kaum entdeckt ist. Personalentwickler sind, wenn sie dafür ausgebildet und eingesetzt werden, im Unternehmen für etwas ganz Wichtiges zuständig, nämlich für die Sicherung der Qualität der Kommunikationsprozesse, nicht mehr und nicht weniger. Sie sind im günstigen Fall ›nur‹ ein Katalysator – das ist ihre Schwäche. Aber nichts anderes oder niemand sonst könnte solch eine Katalysatorfunktion leisten – das ist ihre Stärke –, *wenn* einzelne Unternehmen beginnen, dieses Potential zu entdecken. Das würde für den weiteren Gang der Geschichte genügen, den Rest erledigt der Wettbewerb. Folgerichtig würde Personalentwicklung zur Chefsache und hierarchisch bei der Geschäftsführung aufgehängt.

Bislang wurde das Problem mit einem Konzept angegangen, das auf Personen ausgerichtet war. Die internen Personalentwickler wurden und werden fast ausschließlich auf Personen oder Personengruppen angesetzt, nicht auf Prozesse. Sie sind in eher subalternen Stäben ziemlich fern der Unternehmensführung angesiedelt. Man macht das eben auch, weil man dumpf begreift, daß es irgendwie wichtig ist, aber zunächst einmal kostet es nur Geld, das anderswo verdient werden muß. Selten können mit diesem Ansatz Erfolge vorgewiesen werden, die die Ausgaben klar rechtfertigen. Gegen Kostenargumente haben PE-Abteilungen gemäß dem Status quo keine Kraft, hierarchisch genausowenig, und so werden sie in schwierigen Zeiten beschnitten und auf eine reine Personenentwicklung eingeengt und folgerichtig mit Aus- und Weiterbildungsarbeit zugeschüttet. Kaum eine Führungskraft würde heute in ähnlicher Weise die QS-Mitarbeiter als wenig ernstzunehmende, weltfremde Moralapostel denken und sie gar entsprechend behandeln, obwohl das QS-Team ebenfalls nur Kosten verursacht, ohne unmittelbar wertschöpfend zu sein. Die QS hatte früher einen genauso schwachen Stand im Unternehmen. Aber damit ist es endlich vorbei. Mit dem Konzept der Reentry-Kommunikation bekommt nun auch die Personalentwicklung ein strategisches Konzept und eine ausbaufähige Palette von Verfahrensweisen in die Hand, und der Kommunikationsprozeß kann im Unternehmen als solcher begriffen und systematisch reflektiert und bearbeitet werden.

Innerhalb der oben sicherlich unvollständig genannten bisherigen PE-Maßnahmen sind bereits zahlreiche kommunikative Werkzeuge entstanden, die genau das leisten, was ich Reentry-Kommunikation nenne. In diesen ›Tools‹ wird das Vorgehen konkret und auch auf eine plastische Art verständlich. Einige ausgesuchte Tools‹ werde ich im folgenden vorstellen, weil ich sie für besonders einfach und wirksam halte. Zunächst aber noch eine Anmerkung zu Mitarbeiterbefragungen.

Exkurs 28 – Mitarbeiterbefragungen sind nicht klein und fein

Das aufwendigste Verfahren von Reentry-Kommunikation sind zweifellos unternehmensweit angelegte Mitarbeiterbefragungen, in denen die Mitarbeiter zunächst standardisierte Fragebögen ausfüllen. Je nach Unternehmensgröße nimmt der gesamte Prozeß Wochen oder Monate in Anspruch bis die Ergebnisse vorliegen. Die Kosten für die Vorbereitung, Durchführung und Auswertung übersteigen meist das Budget, das für Personalentwicklung normaler Weise für ein gesamtes Jahr bereitgestellt wird. Erst lange Zeit nach der Erhebung können Ergebnisse vorgelegt werden. Ihr *unmittelbarer* Einfluß auf die Kommunikationsprozesse ist bescheiden, zumal die Mitarbeiter sich zunächst nur als passive Informationsgeber erleben können.

Wenn man einmal den Aufwand bei Seite läßt, kann dieses Verfahren natürlich einen Nutzen stiften und bestimmte Entscheidungen erleichtern. Sie können gewisse Einblicke geben (und der Geschäftsführung das nicht unproblematische Gefühl vermitteln, man wisse jetzt ›was läuft‹). Wie immer aussagekräftig und nützlich die Ergebnisse dann im einzelnen sein mögen – als ein Verfahren, das die Kommunikation unmittelbar begleitet, sind solche Befragungen schlicht ungeeignet. Sie sind ein erster noch unvollkommener Schritt in genau die richtige Richtung. *Aber eine Optimierung der Selbststeuerung der Kommunikationsprozesse im Unternehmen kann daraus kaum erwachsen* – zu aufwendig, zu unpräzis, zu langatmig.

Statt mit einer gigantischen Inselveranstaltung der Illusion nachzujagen, man könne den lebendigen Fluß der Kommunikation im Unternehmen irgendwie statisch erfassen, *besteht die wahre Innovation in kleinen und kleinsten Selbstbeobachtungsprozessen, die den Unternehmensalltag dezentral aber formalisiert zu bestimmten Anlässen und in bestimmten Abständen begleiten und mit deren Hilfe die Kommunikationsprozesse ihre Qualität selbst steigern und sichern.*

Kommunikative Verfahren sollten unmittelbar einleuchten und nicht durch verkünstelte Regeln vom lebendigen Prozeß der Kommunikation ablenken. Sie sollten selbsterklärend sein, so daß kein Teilnehmer den Eindruck gewinnt, er müsse erst etwas Besonderes lernen, müsse sich ersteinmal komplizierte Spielregeln aneignen. Das Verfahren muß so sein, daß jeder sofort denkt: ›Klar! So und nicht anders macht man das‹. Die genannten Beispiele sollen eine Palette von Möglichkeiten ausbreiten, aber sie können keine vollständige Liste möglicher Verfahren bieten.

6.4 Der Kommunikations-Tacho

In der systemischen Beratung sind sogenannte Skalierungen als Interventionsmöglichkeit seit langem bekannt und gebräuchlich.

Exkurs 29 – »Ich bin eigentlich nur –5 unglücklich«

Angenommen, ein Klient sagt in einer Beratung/einem Coaching auf galgenhumorige Art: »Mir geht's überhaupt nicht gut, ich hab' fertig«, und der vielleicht systemisch ausgebildete Berater antwortet darauf mit der Frage: »Nehmen Sie mal eine Glücksskala von –10 bis +10, wie glücklich oder unglücklich sind Sie dann im Moment?« Die erste schier unvermeidliche Folge dieser Frage ist, jedenfalls wenn sich der Klient diese Frage zu eigen macht, daß er sich aus seinem gegenwärtigen Empfindungszustand herausbewegt. Er muß innehalten, spüren und überlegen, und in dieser inneren Bewegung kann er sich nicht mehr ungebrochen schlecht fühlen. Mehr noch, er muß eine innere Beobachterposition beziehen. (Über diesen ›inneren Beobachter‹ ist in der Literatur über die menschliche Psyche schon viel nachgedacht worden. Ich beziehe mich aber jetzt nur darauf, was man sich beim Lesen dieser Zeilen ohne weiteres vorstellen kann.) Der Klient kann diese Frage intern nur bearbeiten, wenn er sein Unglücksempfinden relativiert, also intuitiv in Relation zu dem setzt, was er überhaupt schon in seinem Leben an Glück oder Unglück erlebt hat. Wenn man dieses Relativieren versteht und ernst nimmt, wird man es nie wieder mit Abschwächen oder

Beschönigen verwechseln. So wird die Frage des Beraters mit hoher Wahrscheinlichkeit einen inneren Prozeß beim Klienten hervorrufen. Der Klient erhält die Chance, innere Aktivität wahrzunehmen und eine innere neutrale Position zu erleben, die nicht mit den Belastungen und dem Unglück verstrickt ist, sondern von der aus er sich einfach nur innehaltend beobachtet. Häufig ist es genau diese innerpsychische Bewegung hin zu Distanz, die für den Klienten ›den Kahn wieder flott macht‹. Diese Bewegung hin zu einer unparteiischen Beobachterposition ist auch Gruppen möglich, mit einer ganz ähnlichen positiven Wirkung.

Bei allem, was ich gerade beschrieben habe, muß eine gute Vertrauensbeziehung zwischen den Personen wirken. Wenn der Moderator hingegen ohne zwischenmenschlichen Kontakt die obige Intervention mechanistisch oder gar als Finte einer überlegenen Person benutzt, wird er eher Widerstand hervorrufen als eine gemeinsame Suche nach Lösungen.

Schauen wir uns nun an, wie der ›Kommunikations-Tacho‹ in Unternehmen eingesetzt wird und welche Folgen dies wahrscheinlich macht. Wenn eine Person aus der Personalentwicklung in einer Konfliktmoderation die Kontrahenten bittet, ihre *gemeinsame* Kommunikations-Atmosphäre zu skalieren (also auf einer Skala beispielsweise von –10 bis +10 zu bewerten; nur der gemeinsame Mittelwert zählt), dann entsteht schon allein durch diese Vorgehensweise eine neue Situation. Man erlebt dabei häufig, daß die Kontrahenten zunächst erstaunt auf diese neue Situation reagieren, in der sie plötzlich alle als in einem Boot sitzend erscheinen. Auf einmal ist der Raum für die üblichen ›Schwarzer-Peter-Spiele‹ sehr eng geworden. *Denn jetzt zählt nur noch, was zwischen den Personen als verbindendes Resultat herauskommt.* Wenn sich die Kontrahenten also überhaupt auf die Frage nach der Skalierung ihrer Beziehungsatmosphäre einlassen, dann müssen sie für diesen Moment eine neutrale Beobachterposition einnehmen. Das heißt aber auch, daß sie für einen Moment ihre vielleicht sehr emotional gefärbte persönliche Interessiertheit aufgeben. Das allein fördert neue Sichtweisen und bringt die Beziehung, um die es geht, in eine neue Bewegung.

Exkurs 30 – Skalierungsbeispiel – Der Kommunikations-Tacho

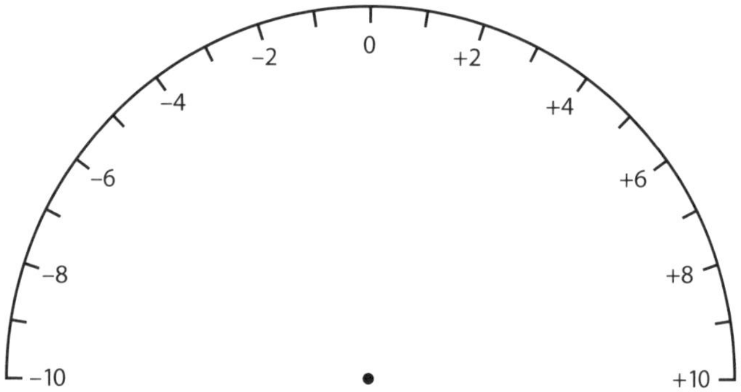

Der Kommunikations-Tacho ist ein Formblatt, das der Skalierung eines Kriteriums der Kommunikation dient wie etwa der Stimmung im Team. Die Teilnehmer legen durch subjektive, zunächst verdeckte individuelle Einstufung den aktuellen Wert fest. *Resultat ist nur der Durchschnitt der abgegebenen Daten*; manchmal kann noch die Streuung wichtig sein. Die Anwendung ist also sehr einfach und unmittelbar alltagstauglich.

Strenggenommen braucht man für die Anwendung keine neutrale, moderierende Person (z. B. PE-Mitarbeiter, Berater). Aber wenn man eine solche Reflexion durchführt, sollte man sich darüber im Klaren sein, daß hier nicht in erster Linie eine ›objektive Messung‹ vorgenommen wird, sondern bei allen Beteiligten kommt mit diesem Instrument ein Prozeß in Gang, der die personenunabhängigen Aspekte in den Beziehungen ins Zentrum rückt und dadurch fördert. Dieser Prozeß kann mit dem Instrument wiederum beobachtet werden, indem man nach einem besonderen Ereignis in der Kommunikation den aktuellen Vergleichswert einholt. Auf diese Weise ist dem Team auf einmal unmittelbar sichtbar, wie seine Situation sich beeinflußbar entwickelt. Bei geeigneter Anwendung handelt es sich um ein außerordentlich starkes Instrument, und man kann diesen Prozeß mit einer neutralen Moderation optimal nutzen.

Das Bestechende an diesem Vorgehen ist, daß die Kontrahenten unabhängig vom vorherigen Konflikt spontan ihre Perspektive wechseln. Der Konflikt verschwindet keineswegs, aber er wird auf einmal von ›einer höheren Warte‹ aus diskutiert. Das gemeinsame Interesse gewinnt die zentrale Position, als Ausgangspunkt und Zielpunkt der Argumentation. Es fällt schwer, sich dieser Tendenz zu entziehen, weil die Kontrahenten offenbar intuitiv spüren, daß die induzierte Sichtweise etwas Neues bringt und weiterführt. Man kann aus praktischer Erfahrung auch anders argumentieren: Die Denkweise, daß soziale Beziehungen sich wesentlich *zwischen* Personen abspielen und daß es dabei um etwas Gemeinsames geht scheint in Menschen ohne weiteres anschlußfähig zu sein. Man muß nur Wege finden, diese mentale Möglichkeit auch zu nutzen.

Exkurs 31 – Die Anfänge von ›Reentry‹

Schon vor vielen Jahren wurde in systemisch geprägten Weiterbildungsseminaren mit Skalierungen gearbeitet. Entsprechend der herkömmlichen Betrachtungsweise wurden die Wertungen zwar anonym, aber doch personenbezogen erfaßt. Man begann auch schon mit Durchschnittswerten zu arbeiten. Aber erst die konsequente Umstellung und ausschließliche Dokumentation der Durchschnittswerte löst den Kommunikationsprozeß nachhaltig von Einzelpersonen und erzeugt damit das, was wir heute Reentry-Kommunikation nennen können. Einseitige Schuldzuweisungen und Ursachenbehauptungen finden im Verfahren keinen Widerhall mehr. Das Team wird ausdrücklich mit *dem Gemeinsamen* konfrontiert – mit sich selbst als Ganzem.

Zufriedenheit im Team

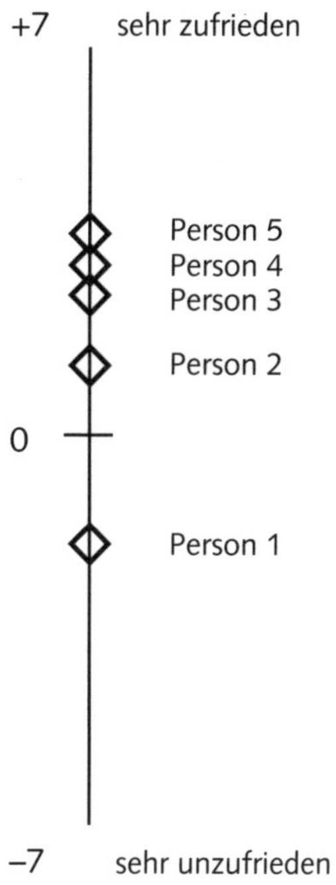

Welche Form man der beschriebenen Skalierung gibt, ist sicherlich zweitrangig, man kann auch formlos skizzieren und damit arbeiten. Aber vor dem Hintergrund dessen, was über Verfahrensweisen zu sagen war, bringt eine bewußt gewählte Form qualitativ mehr. Die Form einer solchen Skalierung kommuniziert ja die Bedeutung, die dieser Vorgehensweise im Unternehmen zugemessen wird. Eine ›schlampige‹ Form entwertet (natürlich je nach den Umständen), eine klare oder ›pfiffige‹ Form, in der auch die Identität des Unternehmens durchschimmert, wertet auf. Ich habe die beschriebene Form an einen Tachometer angelehnt, aber das ist nur eine von vielen Möglichkeiten. Natürlich leisten auch andere Formen ähnliches, wie z. B. ein ›Kommunikations-Thermometer‹, oder ganz grob eine ›-Ampel‹. Welche Metapher gewählt wird, ist im Grunde zweitrangig. Eine nüchterne Zahlenreihe wäre ausreichend, wollte man nicht zusätzlich einen Assoziationsraum berühren und nutzen, um der mentalen Welt von Menschen besser gerecht zu werden.

Kommen wir kurz noch zu einem Nebenpunkt. Manche Berater geben als mögliche Werte nur positive Werte etwa von 0 bis 7 vor. Ich halte das für unsinnig. Die Wertung soll ja möglichst spontan und authentisch erfolgen. Wenn nun jemand die Situation als ›mies‹ empfindet, dann soll er das auch ohne langes Überlegen zum Ausdruck bringen können, und das führt dann eben zu einer Wertung mit negativem Vorzeichen. Ein solches Vorgehen schützt auch vor der unernsten Tendenz zu ›Friede-Freude-Eierkuchen‹. Der größere Wertebereich –10 bis +10 geht in die gleiche Richtung, weil damit leichter klar wird, daß man eben nicht lange zu überlegen braucht – ein Punkt hin oder her, das macht einfach nicht viel aus.

Der Kommunikations-Tacho ist wohl das einfachste Verfahren einer Reentry-Kommunikation. Er kann im besten Sinn als unbürokratisch bezeichnet werden. Für die reine Durchführung braucht man bei intelligenter Vorbereitung 1 bis 3 Minuten, und sie läuft unspektakulär nebenher. Mit solchen Eigenschaften können machtvolle Verfahren geschaffen werden. Man kann beispielsweise einmal im Jahr jedes Team ein Selbstbild gemäß dem ›Tacho‹ erstellen lassen und erhält einen differenzierten, sichtbaren und leicht interpretierbaren Ausdruck der Kommunikation im Unternehmen (Team als Synonym für feste Arbeitsbeziehungen jeglicher Art). Man induziert auf diese Weise im ganzen Unternehmen Kommunikationsprozesse, in denen die Teams und Abteilungen ihre Kommunikationsbeziehungen als *gemeinsames und sichtbares* Produkt erleben. Das Verhältnis vom Nutzen zum Aufwandt ist wohl konkurrenzlos.

Die Teams können, vielleicht erstmals, ihre Kommunikation wie in einem speziellen Spiegel sehen. So erleben sie in dem angestoßenen Meta-Prozeß gleichzeitig die entscheidende Voraussetzung dafür, daß sie diese Beziehungen bewußt gemeinsam gestalten. Man braucht nicht erst tage- oder gar wochenlange Analysen von Dritten abzuwarten (wie z.B. bei den bekannten 360°-Analysen). Vielmehr wird die aktuelle Kommunikation des Teams von diesem selbst quasi in Echtzeit abgebildet. Der Meta-Prozeß wirkt sofort.

Der Kommunikations-Tacho öffnet ein weites Feld für eine daran anschließende Bearbeitung der Team-Kommunikation. Insbesondere Fragen sind hervorragend geeignet, um das Potential des Verfahrens auszuschöpfen, wie etwa:

- »Was glauben Sie, ist Ihr persönlicher Beitrag dafür, daß es ist, wie es ist?«
- »Was glauben Sie, um wie viele Punkte könnten allein Sie den Wert weiter verbessern (verschlechtern)?«
- »Was müßte geschehen, damit der Wert sich verbessert (verschlechtert)?«
- »Was glauben Sie, wie wirkt sich das, was Sie eben sagten, auf den Stimmungswert aus?«.

Durch diese Art der Gesprächsführung wird der Kommunikationsprozesses außerordentlich intensiv, in jeder Person vollziehen sich umfangreiche mentale Prozesse. Der ›Tacho‹, der am besten allgegenwärtig sichtbar liegen oder hängen bleibt, hält das Gemeinsame stabil in der Kommunikation und kann wohlüberlegt erneut zum Zuge kommen, um Veränderungen sichtbar zu machen. Die Kommunikation wird auf diese Weise zu einem Schlüsselerlebnis für das ganze Team und für jede teilnehmende Person.

6.5 Der Kommunikations-Radar

Der Kommunikations-Radar funktioniert im Prinzip genau wie der -Tacho, auch genauso einfach, allerdings differenzierter nach verschiedenen Kriterien und von daher etwas aufwendiger. Im Gegenzug ist das Bild aber auch aussagekräftiger. Ich berücksichtige in Unternehmen nach Bedarf eine Auswahl aus folgenden zehn Kriterien, die auch einzeln in einem ›Tacho‹ abgekoppelt werden können:

Die Stimmung – Dieses Kriterium hat durchaus eigenständige Bedeutung und kann durch die anderen nicht einfach ersetzt werden. Es handelt sich um das allgemeinste oder auch nächstliegende Kriterium. Damit soll einfach die Atmosphäre im Team abgebildet werden, eben die Stimmung.

Die gegenseitige Achtung – Die gegenseitige Achtung macht die Selbstachtung als Team zum Thema und ist vielleicht das strategisch bedeutsamste Kriterium für Arbeitsbeziehungen überhaupt. Die gegenseitige Achtung entscheidet über Belastbarkeit und Entwicklungsfähigkeit der Beziehungen. Sie bildet gewissermaßen die Basis, so wie die Liebe als grundlegend für Paarbeziehungen angesehen werden kann. Achtung ist demzufolge ein Kriterium, das sich deutlich etwa von der Stimmung unterscheiden läßt, und das auch dem reflektierenden Kommunikationsprozeß eine besondere Note gibt. Man kann auch sagen, daß dieses Kriterium die Ernsthaftigkeit des ganzen Prozesse sehr unterstützt. Oder anders, damit wird etwas (vielleicht erstmals explizit) in die Kommunikation eingeführt, das wirklich wichtig ist, wenn man gut zusammenarbeiten will.

Die taktische Kooperation – Die Art und Weise, wie Personen in der alltäglichen Zusammenarbeit miteinander harmonieren, hat natürlich auch mit unterschiedlichen persönlichen Eigenheiten zu tun. Es gibt Menschen, die arbeiten eher flott und etwas weniger gründlich, andere eher langsam und sorgfältig. Beides ist nicht von vornherein als richtig oder falsch zu bewerten. Wenn nun Charaktere aufeinandertreffen, die sich so oder ähnlich unterscheiden, dann sind spezifische Probleme wahrscheinlich, die spezifische Lösungen verlangen und auch ermöglichen.

Exkurs 32 – Skalierungsbeispiel – Der Kommunikations-Radar

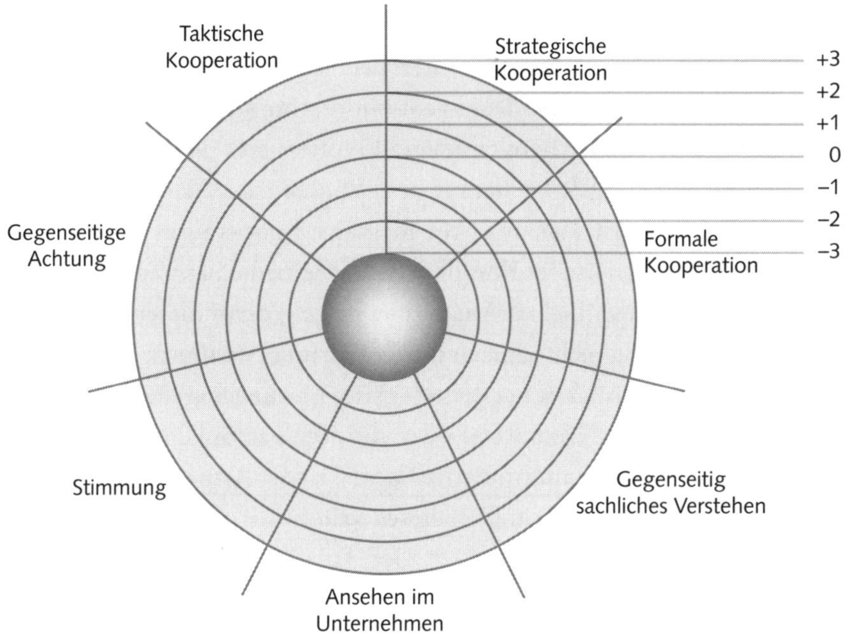

Mit dem Kommunikations-Radar arbeitet man wie mit dem -Tacho, nur daß hier die Kommunikation differenzierter nach einzelnen Kriterien analysiert werden kann. Dieses Verfahren ist insbesondere für Konfliktsituationen hilfreich, weil die Kooperation meist nach verschiedenen Kriterien sehr unterschiedlich erlebt wird. Man findet also die neuralgischen Punkte wie auch Ebenen, auf die man sich für eine *positive Wende* gut stützen kann.

Auch hier gilt unbedingt: *Der Entwicklungsprozeß, der mit der Anwendung induziert wird, ist wichtiger als jeder Zahlenwert.*

Die strategische Kooperation – Dieses Kriterium bringt wesentlich die Unterschiedlichkeit oder den Gleichklang bezüglich der Prioritäten im Team zum Ausdruck. Damit wird die Chance eröffnet, sich überhaupt einmal über diese Prioritäten ausdrücklich zu verständigen. Vielleicht stößt man auch auf Zielkonflikte, die garnicht vermieden werden sollen, etwa Kosten und Qualität. Die Lösung besteht in jedem Fall darin, die strategische Ausrichtung des Teams zu entwickeln.

Die formale Kooperation – Die organisatorische oder hierarchische Struktur wird häufig recht unterschiedlich interpretiert und praktiziert. Angenommen, ein Gruppenleiter geht mit bestimmten Vorgängen direkt zum Bereichsleiter. Der Bereichsleiter akzeptiert dies offenbar, während der (neue) Abteilungsleiter darauf besteht, daß ›der Dienstweg‹ eingehalten wird. Nun ist klar, was mit formaler Kooperation gemeint ist. Daraus können sich leidige Konflikte entwickeln, die in ihrer Bedeutung häufig bald den eigentlichen Anlaß übersteigen; denn dieser Anlaß läßt sich genauso häufig recht einfach durch Klärung beseitigen.

Gegenseitig sachliches Verstehen – Hier ist zunächst die Sprache im Fokus, aber auch die Denkweise oder sonstige persönliche Eigenheiten (vgl. Exkurs 4 – Ein kommunikativer Unfall in der Armee). Kulturell gemischte Teams können bezüglich dieses Kriteriums auf Schwierigkeiten stoßen, eben rein sprachlicher Art. Der Anlaß ist zwar nicht so leicht zu beseitigen, aber das Wissen um einen deutlich eingrenzbaren Anlaß schützt allein schon vor der Tendenz zur Eskalation der entstehenden Konflikte.

Persönliche Verbundenheit – Anhand dieses Kriteriums wird besonders deutlich, daß das Ziel des Prozesses in erster Linie nicht darin besteht, maximale Zahlenwerte zu erreichen, sondern bedeutsame Verbesserungen in der Zusammenarbeit. So braucht eine exzellente Gruppe im Unternehmenskontext kaum solche Verbundenheitswerte erreichen, wie sie vielleicht in Freundeskreisen möglich sind. Wer hier etwas erzwingen will, kann viel verlieren. Gleichwohl kann man davon ausgehen, daß ein Team, in dem die Personen füreinander ›durch's Feuer gehen‹, eine besondere Kraft entwickelt. Der hier erreichte Wert ist für die Kommunikationsbeziehung bedeutsam, und es ist gut, auch diesen Aspekt im Team kennenzulernen. Vor allem ist es gut, auf signifikante Veränderungen aufmerksam zu werden, sei es, daß der Wert deutlich ansteigt oder sinkt.

Führungsfunktion im Team – Hier muß ich dem 7. Kapitel vorgreifen und anmerken, daß mit diesem Kriterium gerade nicht die Führungsstärke einer Person gemeint sein kann, sondern die Geschlossenheit des Teams in der Verfolgung von Zielen, im Unterschied zur Führungslosigkeit. Dieses Kriterium bietet sich für eine separate Reflexion mit einem ›Führungs-Tacho‹ an. Im ›Radar‹ erübrigt sich dieses Kriterium eventuell, weil es bereits von einer Kombination anderer Kriterien abgedeckt wird.

Homogenität im Team – Beziehungen zwischen unterschiedlichen Personen sind immer mehr oder weniger unterschiedlich. Auch bei diesem Kriterium ist der höhere Wert nicht einfach der bessere, vielmehr kann es innerhalb einer gewissen Bandbreite gerade umgekehrt sein. In manchen Teams ist die Reflektion und Bearbeitung von diesem Aspekt der Schlüssel für die Weiterentwicklung. Es bietet sich an, die Homogenität auf ein bestimmtes Kriterium aus der Auflistung flexibel zu konzentrieren.

Ansehen im Unternehmen – Dieses Kriterium bezieht sich ausdrücklich auf die Kommunikation außerhalb des Subsystems. Damit wird die Sichtweise unterstützt, die Umwelt des Subsystems wie Kunden zu behandeln. Natürlich muß man bei diesem Kriterium mehr als bei den anderen mit Mutmaßungen operieren. Aber das schmälert seinen Nutzen keineswegs. Erstens hat man meist eine ganz gute Ahnung, wie das Team gesehen wird, und zweitens ist ein unbefriedigendes Ansehen immer ein guter Anlaß, sich aktiv mit Veränderungen zu beschäftigen.

Beim Kommunikations-Radar ist eine deutlich schmälere Wertskala (–3 bis +3) sinnvoll, damit man hier etwas sorgfältiger abwägt, insbesondere auch, weil man genauer überlegen muß, um die verschiedenen Kriterien voneinander abzugrenzen.

Mit diesem Verfahren erhält man ein recht vollständiges und gleichzeitig differenziertes Selbstbild, das gezielte Lösungen nahelegt. Es bewährt sich als turnusgemäßes Verfahren, aber insbesondere auch in

Konflikten, die festgefahren erlebt werden. Mir scheint eine Auswahl von nicht mehr als sieben Kriterien für einen Durchgang optimal. Wenn ein Team bestimmte Problemfelder identifizieren kann und sich gleichzeitig anderer Bereiche bewußt wird, in denen es gut oder besser läuft, so ist damit bereits ein erster wichtiger Schritt getan, und die Situation ist fürs erste nicht mehr festgefahren.

Logischerweise ist durch das differenzierte Bild, das entsteht, der analysierende Aspekt deutlicher als beispielsweise beim Tacho. Aber auch hier sollte man sich davor hüten, den Prozeß, der vom Start weg induziert wird, durch ein Starren auf die Zahlen aus dem Auge zu verlieren.

Diese skalierenden Verfahren dienen erst in zweiter oder dritter Linie auch für Analysen Dritter, etwa für die jeweilige Führungsebene. Solch eine Offenlegung der Ergebnisse muß vom Veto (in geheimer Abstimmung) jeder einzelnen Person abhängig sein. Eine Entwicklung zum positiven muß sich auf einen aufrichtigen Umgang miteinander stützen können. Das hat klar Vorrang vor der Information an Außenstehende. Der übergeordnete Stellenwert von Diskretion ist ein KO-Kriterium und gilt für jede Beratung dieser Art.

6.6 Über das Handhaben von Skalierungen

Für eine Skalierung brauchen wir ein Team, ein Kriterium (z. B. Stimmung) und eine Wertskala für dieses Kriterium mit Maximal- und Minimalwert. Sodann brauchen wir die subjektiven Wertungen durch jeden Teilnehmer gemäß dem vereinbarten Kriterium. Diese Werte werden aufsummiert und der Durchschnittswert gebildet, und dieser Wert wird in die Skala eingetragen. Das Ergebnis ist gewissermaßen ein objektiviertes Abbild der Kommunikationssituation.

Wie bereits erwähnt können alle Formen von Skalierungen theoretisch auch ohne neutrale Person durchgeführt werden. Die jeweilige Unternehmenseinheit kann dies auch alleine tun. Allerdings bietet eine neutrale Person, sei es ein Berater oder ein Mitarbeiter aus der Personalentwicklung, grundlegende Vorteile, auf die man im Interesse einer qualifizierten Vorgehensweise nicht verzichten sollte.

Der erste grundlegende Vorteil besteht darin, daß in der gerade stattfindenden Kommunikation die Rolle der ›neutralen Position‹ durch Personifizierung klar ausgewiesen ist. Damit ist eine gute Wahrscheinlichkeit geschaffen, daß man in der Kommunikation die neutrale Perspektive wirkungsvoll präsent hält. Wenn für diese Rolle eine Person beauftragt wird, die gar nicht zur Unternehmenseinheit gehört, fällt es nicht nur dieser Person leichter, unparteiisch zu agieren, sondern es fällt allen Teilnehmern leichter, dieser Person die unparteiische Rolle auch zuzugestehen. Sie hat es dann viel leichter, eine Art Meta-Autorität zu gewinnen, und das ohne hierarchische Macht in Anspruch nehmen zu dürfen. Diesem Umstand verdankt die einschlägige Beraterbranche ihre Existenz. Hinzu kommt, daß den internen Personalentwicklern vom obersten Führungskreis wohl nur in Ausnahmefällen eine Meta-Autorität zugeschrieben wird, um beispielsweise die Geschäftsführung moderieren zu können.

Die Personifizierung der unparteiischen Moderation kann man gut als qualitätssichernde Maßnahme für die Kommunikation begründen. Für diesen Schritt hat sich eine Arbeitsteilung bewährt, in der die moderierende Person die Verantwortung für den Prozeß übernimmt, aber nicht für die Inhalte, während die Teilnehmer ausnahmslos die Verantwortung für alle Inhalte allein tragen und sich in Fragen der Prozeßführung der moderierenden Person anvertrauen. Eine solche Moderation erfordert Qualifikationen, die in gewissem Umfang gelernt werden können und gelernt werden müssen. Aber diese Qualifikation überschreitet das methodisch Lernbare deutlich. Es handelt sich auch hier mehr um eine Kunst als um eine Wissenschaft.

Exkurs 33 – Der gute Berater ist ein menschlicher Katalysator

Nach systemischem Verständnis kann ein Moderator oder Berater nicht besser wissen, was für das jeweilige Team richtig ist, als dieses Team selbst. Er weiß also nicht, was richtig ist, kann demzufolge auch keinen Rat im engen Sinn

geben. Aber wenn er ein guter Berater ist, weiß er, *wie* das Team selbst herausfinden kann, was richtig für dieses Team ist.
Oder man kann so formulieren: Der klassische Fach-Berater weiß etwas, das die Klienten nicht wissen, und er kann es vermitteln. Damit ist ein trivialer Lernprozeß angesprochen. Der komplexe Lernprozeß hingegen funktioniert so: Die Klienten wissen etwas implizit, das sie explizit (noch) nicht wissen. Der Berater weiß auch nicht, was es ist, aber im günstigen Fall kennt er einen Weg, eine Vorgehensweise, wie seinen Klienten ihr implizites Wissen klarwerden kann.

Das Wesentliche dabei ist, *daß sich der Berater als eine Art Katalysator begreift.* Er kann für eine starke Tendenz zu einer Entwicklung sorgen, wenn er die Richtung dieser Entwicklung nicht vorgibt. Diese Auffassung führt zu einer angemessenen Achtung gegenüber den einzelnen Klienten, die die Selbstachtung der Klienten sehr unterstützt. Und wenn diese ihre Selbstachtung als Team gewonnen haben, dann haben sie meist schon alles, was sie brauchen, um ihre neue gute Richtung zu finden. Hier weiß der gute Berater keinen einfachen ›Rat‹, aber *er kennt Vorgehensweisen, wie man Ratlosigkeit selbst überwinden kann*, und er versteht, einen solchen Prozeß kompetent zu begleiten.

Wenn es der moderierenden Person gelingt, das Vertrauen des Teams zu gewinnen und zu bewahren, und wenn sie durch ihr achtungsvolles und ideenreiches Agieren die Sicherheit vermittelt, daß in der Kommunikation, die in Gang kommt, auch tiefe Widersprüche in der Kommunikation auf eine produktive Weise behandelt werden können, dann werden solche Kommunikationen regelmäßig zu Schlüsselerlebnissen für dieses Team, mit denen es sich verändert. Und weil es sich um die Veränderung eines gemeinsamen Produkts aller beteiligten Personen handelt, ist jede Einzelperson betroffen, und der Prozeß geht auch mit Umdenkvorgängen in jeder Einzelperson einher. Es ist eigentlich nur logisch, daß sich der Lösungsschritt immer anders ergibt, als man zuvor dachte; denn sonst hätte man das Problem ja längst lösen können.

Vertrauen ist die Basis des Veränderungsprozesses, der nur in Gang kommt, wenn die Personen sich offen darauf einlassen. Hat sich aber in den Wochen und Monaten zuvor bereits eine feindselige Atmosphäre über ein bestimmtes Maß hinaus verhärtet, dann muß das Unternehmen für dieses ›Aussitzen‹ des Konflikts einen hohen Preis zahlen – dann bewegt sich in solch einem Team anschließend oft nichts mehr zum Positiven.

Überwiegend gelingt eine Verbesserung der Beziehungen, die in ihrer konkreten Weise unvorhersehbar war und so natürlich immer ein Überraschungsmoment erzeugt. Solche Schlüsselerlebnisse bilden dann so etwas wie Entwicklungsverzweigungen. Denken wir an die Prigogineschen Verzweigungen komplexer Entwicklungen, die keineswegs beliebig, aber doch auf unterschiedlichen Wegen weiterführen können. Entweder wird sich das Team durch diesen Kommunikationsprozeß für ein Ziel zusammenschließen; wir können das ruhig strategisch nennen; oder aber, in den eher seltenen Fällen, in denen das nicht gelingt, geht die Entwicklung in Richtung auf eine Zuspitzung der Konfrontation. Im zweiten Fall tendiert die Entwicklung letztlich zu einer anderen Zusammensetzung des Teams. Das ist wiederum eigentlich ganz klar und logisch. Wenn keine gute gemeinsame Lösung möglich ist, dann sind wir nicht am Ende aller Tage angekommen, sondern dann steht eine Entscheidung für einen aussichtsreichen Neubeginn an. Ebenfalls versteht sich von selbst, daß so gravierende Entscheidungen bei einem achtungsvollen Umgang miteinander eines längeren Prozesses bedürfen, bei dem die jeweiligen Führungsebenen in einer möglichst kontrollierten hierarchischen Eskalation hinzugezogen werden. In beiden Fällen steht jedenfalls eine Lösung am Ende, die für die nächste Etappe gut tragfähig ist.

An dieser Stelle muß noch der Aspekt des spürbaren Einigungsdrucks erwähnt werden. Reentry-Verfahren spiegeln ja immer ohne Personenbezug das gemeinsame kommunikative Resultat wider. Das führt dazu, daß jede Person ihre Eigenheiten einer Prioritätenprüfung unterzieht. Nehmen wir den Fall, den ich unter ›formale Kooperation‹ skizziert habe, bei dem ein Abteilungsleiter vom Bereichs- und vom Teamleiter mit gewisser Systematik übergangen wird. Dieses Dreier-Führungsteam verbraucht einen spürbaren Teil seiner Energie für ›Reibereien‹. Ein solcher Zustand kann Monate und Jahre in dieser Weise erlitten werden, und die damit verbundenen Stimmungsschwankungen erscheinen dann ähnlich schicksalhaft wie das Wetter. Natürlich könnte man nun urteilen, der Bereichsleiter sei als hierarchisch stärkste Führungskraft in diesem Fall dafür verantwortlich und deshalb müsse er das klären. Dem will ich nicht widersprechen, aber was wäre mit dieser Aussage gewonnen? Appelle sind wohlfeil. Im übrigen sind ja auch noch andere Argumentationen denkbar, die entweder dem Abteilungsleiter oder dem Teamleiter die Schuld an den Reibereien zuordnen – und immer werden implizit Einladungen für ›Schwarzer-Peter-Spiele‹ ausgesprochen. All diese Argumentationen verharren noch in der Vorstellung, für Kommunikationsprobleme seien einzelne Personen verantwortlich. Das ist ja nicht nur falsch, aber diese Argumentation ist ebensowenig zielführend wie eine Qualitätssicherung in der Fertigung, die dabei stehenbliebe, Fertigungsmitarbeitern wegen schadhafter Teile ›auf die Zehen zu treten‹. Ohne eine Qualitätssicherung 2. Ordnung gibt es keine Prozessicherheit und mit noch so viel ›Auf-die-Zehen-Treten‹ kommt man über ein heute unzureichendes Qualitätsniveau einfach nicht hinaus.

Hier im beschriebenen Fall verhält es sich entsprechend: Erst wenn diese drei Personen in einer Evolution ihres Kommunikationsprozesses ihren Fokus von den Personen wegnehmen und auf die Kommunikation zwischen sich richten, also auf ihren Kommunikationsprozeß selbst, entstehen neue und nachhaltige Lösungsmöglichkeiten. Denn es geschieht dann zweierlei: Erstens werden die Einzelpersonen entlastet, ihre Abwehr gegen kritische Inhalte sinkt in Folge, weil es in der Verfahrensweise schlicht nicht vorgesehen ist, einer einzelnen Person Schuld zuzuweisen. Um so unbefangener kann man nun Kommunikationsbeiträge kritisch betrachten, eben zunächst unpersönlich. Zweitens ist der Anspruch von Gemeinsamkeit kein hehrer Wunsch mehr, sondern dieser ist im Verfahren buchstäblich sichtbar.

Greifen wir den Fall des Dreier Führungsteams erneut auf und stellen uns vor, die drei Personen säßen (vielleicht mit einem Moderator wie immer einmal im Jahr) vor einem ›Kommunikations-Radar‹, dessen

Anzeige sie selbst festgelegt haben. Der Wert für die ›formale Kooperation‹ liege bei –1. Nun erscheint das Problem nicht mehr als Problem von einzelnen Personen, sondern es erscheint als gemeinsames Problem. Daraus ergibt sich eine neue Chance, nicht mehr und nicht weniger. Erstens wird das Problem gewissermaßen eingeschnürt oder eingekreist, vielleicht gar erstmals genauer identifiziert, und zum zweiten wissen oder merken alle Beteiligten sehr schnell, daß der implementierte Meta-Prozeß nur eine stabile und sichere Lösung kennt, nämlich eine Regelung, die klar ist und von allen akzeptiert werden kann. So entsteht eine hohe Wahrscheinlichkeit für eine sachgerechte Argumentation der drei Personen, die das gemeinsame Anliegen einer guten Zusammenarbeit im Blick haben. Dieses Anliegen liegt ja sichtbar in Form der Anzeige buchstäblich auf dem Tisch. So entsteht eine neue Kommunikationsweise, die ergebnisoffene Elemente integriert und aus sich heraus eine veränderte und verändernde Dynamik zur Folge hat.

Exkurs 34 – Schlechter ist *besser* als besser

Für alle Arten von Skalierungen ist es wichtig, daß die moderierende Person mit ihrer Autorität dafür eintritt, daß die Bewertungen möglichst ganz nach Gefühl authentisch erfolgen. Ja, man kann sogar genauer sagen, daß eine eher zu schlechte Bewertung der Teamsituation keine ungünstigen Folgen haben kann. Denken wir das genauer durch, ob diese Aussage überzeugend begründet werden kann: Angenommen, aufgrund einer zufälligen kollektiven Anwandlung käme ein spürbar schlechterer Wert heraus als das Team ›eigentlich‹ die Lage empfindet. Wenn eine solche Negativtendenz auftreten kann, dann ist die Situation mit Sicherheit nicht optimal, und es ist nur gut, wenn das bei dieser Gelegenheit dem Team deutlich wird und wenn dadurch eine Veränderung der Beziehungen provoziert wird.

Oder der extreme Fall: Angenommen, aus irgendwelchen momentanen Gründen würden die Wertungen weit unter dem authentisch empfundenen Wert liegen. Dann wäre eine Reaktion des Teams sehr wahrscheinlich, sobald der Wert bekannt würde – »Moment mal, so schlimm ist es ja nun wirklich nicht« –, und genau daraus kann wieder eine positive Dynamik entwickelt werden, und das Team hat sich mit dem Verfahren schon das erste Erfolgserlebnis verschafft.

Wenn aber umgekehrt die meisten Teammitglieder besser werten, als sie die Lage ›eigentlich‹ empfinden, dann besteht eine hohe Wahrscheinlichkeit, daß weiter beschönigt wird und das Team dadurch die Chance verpaßt, eine wichtige Wende einzuleiten.

Mit dieser Überlegung habe ich fürs erste so getan, als gäbe es jeweils einen ›richtigen‹ Wert. Tatsächlich kann es das nicht geben, schließlich handelt es sich um einen höchst subjektiven Vorgang, der nie auf eine objektive Weise überprüft werden kann. Vielmehr ist der konkrete Zahlenwert völlig unwichtig, sofern er nur durch einen bestimmten Ernst entsteht und mit ebensolchem Ernst behandelt wird. Jeder Wert, der durch einen solchen Ernst entsteht, ist für die positive Weiterentwicklung des Teams genau der ›richtige‹.

Wenn man einen solchen Prozeß beginnt, sollte man sich darüber im klaren sein, daß man kein x-beliebiges Spiel beginnt, sondern daß die Wahrscheinlichkeit für die Bewegung hin zu einem Verzweigungspunkt stark zunimmt. *Die Entwicklung steuert auf eine Entscheidung zu. Das liegt an der Eigendynamik von Kommunikationsbeziehungen im Zustand der Selbstreflexion.* Alle Verfahren der Reentry-Kommunikation sind ja aufdeckende Verfahren. Dies ist gerade nicht in einem statischen Sinn gemeint, vielmehr entfaltet ein reflektierender Prozeß eine neue Dynamik, aber sicherlich nicht in einem beliebigen Sinn, sondern es können nur solche Dynamiken aufkommen, die anschlußfähig sind.

Das Team erfährt im Verlauf von Reentry-Kommunikation vor allem sich selbst, und diese Selbst-Erfahrung hat eine identitätsbildende Dynamik. Die Qualität der Kommunikation im Team wird auf neue Weise sichtbar, auf vollständigere Weise. Es gibt ein qualitatives Mehr gegenüber der Situation vorher, aber nicht nur in der Weise, daß der Fokus von den Personen in den Raum zwischen ihnen wandert, sondern es eröffnen sich auch mannigfaltige Möglichkeiten, andere Personen in ihrem Verhalten als verständlich zu erleben. Götz Werner, der Geschäftsführer der dm-drogerie markt GmbH, geht in diesem Zusammenhang so weit zu sagen: »Je mehr der Einzelne selbst sieht, was für andere notwendig ist, desto unternehmerischer wird er in seiner Arbeit sein.«[4]

Exkurs 35 – Eventuell auch ein Event

In der dm-drogerie markt GmbH wird eine umfangreiche Eventkultur praktiziert. So schreibt das Unternehmen in seiner Selbstdarstellung unter anderem: »Auch Abenteuer Kultur macht die dm-Ausbildung zu etwas ganz Besonderem: Gemeinsam mit Kollegen nehmen Sie zwei Mal innerhalb Ihrer Lehrzeit an achttägigen Theaterworkshops teil. Professionelle Schauspieler und Regisseure unterstützen Sie. Jeder Workshop endet mit einer Theaterpräsentation für Kollegen und Freunde.

Abenteuer Kultur – Bühne frei für neue Erfahrungen
Die Ausbildung der dm-Lehrlinge geht weit hinaus über die Vermittlung des notwendigen Wissens. Eines der Angebote zur Persönlichkeitsentwicklung, sowohl für das Berufs- als auch das Privatleben, ist der Baustein ›Abenteuer Kultur‹. In ihrer dreijährigen Ausbildung nehmen alle Lehrlinge zweimal als Akteure an Theaterworkshops teil, die auf insgesamt acht Tage verteilt sind.«

Und ein Teilnehmer berichtet: »Abenteuer Kultur gibt Lehrlingen die Möglichkeit, Ängste zu überwinden und sich vor einer größeren Anzahl von Leuten zu artikulieren. Mir persönlich hat der Theaterworkshop geholfen, unbefangener und offener auf andere Menschen zuzugehen. Für den Kundenkontakt in der Filiale ist das nur von Vorteil.« (s. www.dm-markt.de).

›Theater?! Denen geht's wohl zu gut‹, wird so manch eine Führungskraft anderer Unternehmen bei diesen Ausführungen denken, und: ›In finanziell schwierigen Zeiten werden die schnell damit aufhören‹. Man kann ja wahrlich bezweifeln, wie ein ›sachfremder‹ Aufwand sich je rechnen soll. Aber das Urteil ›sachfremd‹ erweist sich bei genauem Hinsehen als falsch, wie der oben genannte Teilnehmer anschaulich aufzeigt (»unbefangener und offener...«).

Ein soziales System, etwa ein Handelsunternehmen, wird als kommunikatives Phänomen von den MitarbeiterInnen immer neu ins Leben gerufen, ebenso wie diese im direkten Kundenkontakt den Unternehmenserfolg immer neu realisieren. Da macht es einen enormen Unterschied, ob die Mitarbeiter sich immer wieder als Anhängsel von Sachprozessen erleben, ob sie beispielsweise die Waren in den Regalen nur aus dem Grund ›umwälzen‹, ›weil man das halt einmal am Tag auch noch machen muß, wenn man keinen Ärger will‹, oder ob sie ein ›starkes Team‹ bilden und gemeinsam dafür sorgen, daß die ›jüngeren‹ Waren hinten stehen und nicht gleich von Kunden abgegriffen werden. Letzteres führt nämlich binnen weniger Tage dazu, daß das Verfallsdatum beträchtlicher Warenmengen völlig unnötig bereits im Regal abläuft.

Wer nun glaubt, dieses Problem ließe sich durch Kontrolle und Druck auf die Mitarbeiter optimal lösen, der irrt. Kontrolle und *Druck* von Aufsehern können tendenziell nur dort herrschen, wo diese persönlich anwesend sind, während der *Zug* in der Kommunikation durch proaktive Selbstmotivation überall im Unternehmen wirkt. So gesehen trägt die Theater-Kultur im Unternehmen dm-drogerie markt GmbH wesentlich zur Zusammengehörigkeit und zur leistungsgerechten Identität bei – und der Aufwand dafür ist ein Tribut an die Menschlichkeit. Das kann man moralisch sehen, man kann es aber auch schlicht als einen qualifizierten Umgang mit humanen Systemen begreifen.

Events im Unternehmensrahmen sind im engeren Sinn keine Verfahrensweisen einer expliziten Reentry-Kommunikation, implizit aber durchaus. Sie können unmittelbar, wie im obigen Beispiel, die kommunikativen Kompetenzen der Mitarbeiter verbessern. Derartige Events fördern effektiv das Wir-Gefühl, das die Kommunikation des Unternehmens im weiteren begleiten wird. (Beispiel: »Das war der Tag, an dem ich mir die ›Bosch-Brille‹ aufgesetzt habe«, berichtete ein Mitarbeiter der Robert Bosch GmbH in einer Beratung etwa sieben Jahre nach solch einem Event in seinem Unternehmen). Man könnte sie auch als Trainingslager für exzellente Kommunikationsprozesse bezeichnen, mit denen eine Unternehmensführung, bei intelligenter Handhabung, die gemeinsame Suche nach Lösungen im Unternehmensalltag nachhaltig stärkt und zudem der unproduktiven Entwicklung von Konflikten zwischen Personen vorbeugt. Reine Spaß-Veranstaltungen wie Go-cart-Rennen wirken zwar auch kommunikativ, aber deutlich schwächer.

Eine turnusmäßige Reentry-Kommunikation im Unternehmen spart auch so manches teure Führungskräfte-Seminar, denn die kommunikative Verfahrensweise sperrt sich selbst gegen jede Abweichung von einem kooperativer Führungsstil. Gleichzeitig findet auch ein Führungsanspruch einen zentralen Platz, er muß allerdings ausdrücklich und überzeugend begründet werden können. Auch in dieser Hinsicht hat der Kommunikationsprozeß eine selbst-erziehende Wirkung.

Selbsterzeugte Skalierungen tragen der Tatsache Rechnung, daß man Kommunikation nicht steuern kann. Selbsterzeugte Skalierungen machen als ergebnisoffene Verfahren die Steuerung durch eine einzelne Person formal unmöglich. Damit ist ein Prozeß installiert, der das außerpersönliche Gemeinsame in den Mittelpunkt rückt. Diesem Gemeinsamen kann man in diesem Prozeß schwer ausweichen. Natürlich wird damit kein Automatismus behauptet. Vielmehr finden Kommunikationsbeiträge, die von dem Gemeinsamen ausgehen und rekursiv darauf abzielen, einen permanenten Anker in der Kommunikation – nämlich die gemeinsam erstellte Skalierung. Und diese wiederum enthält eine starke implizite Aufforderung, einen Kompaß sozusagen, der auf die Verbesserung der Zusammenarbeit weist und gleichzeitig anzeigt, wieviel noch zu tun ist.

Systemisch denken heißt auch in Anschlußfähigkeiten denken, danach suchen und sie entwickeln. Auf zahlreiche neue Anschlußmöglichkeiten, die von Reentry-Kommunikation hervorgebracht werden, habe ich schon hingewiesen. Darüber hinaus haben die beschriebenen Verfahren im doppelten Sinn eine zentrale strategische Komponente. Zum einen tendieren sie durch ihre umfassende konzeptionelle Bedeutung dazu, in die Unternehmensstrategie integriert zu werden, zum zweiten bringen sie ›das Gemeinsame‹ in den Raum, und damit ist latent dieses Gemeinsame auch in seiner expliziten Form virulent, und das kann nichts anderes sein als die Strategie der Unternehmung. Somit produziert eine Unternehmung durch eine kommunikative Verfahrensweise die permanente Aufforderung, ihre Strategie explizit zu entwickeln. Die Strategieentwicklung findet aktualisierte Anschlußfähigkeiten vor.

6.7 Der Brain-Star

In Anlehnung an das Brain-Storming habe ich hier ein ›Brain-Star‹ entworfen, ein Schema, das Sachdebatten begleiten kann, ob nun moderiert oder nicht. Mit Hilfe dieses Schemas können Teams den Diskussionsverlauf dadurch beeinflussen lassen, daß sie auftauchende Argumente nach Konsens und Einzelmeinung sortieren. Auch hier wird Kommunikation im Ergebnis sichtbar. Ob dieses Ergebnis authentisch ist oder nicht, das hängt sicherlich sehr stark davon ab, mit welcher Intention das Verfahren ein- und durchgeführt wird, und natürlich auch davon, wie weitgehend dieser Intention vom Team vertraut wird. Hier haben wir es noch weniger als bei den bisher vorgestellten Verfahren mit einer Art objektiver Messung zu tun.

Wenn allerdings mit einer Sachdebatte das Ziel verfolgt wird, möglichst alle Argumente ›auf den Tisch‹ zu bekommen, die zur Zeit in den beteiligten Köpfen kursieren, und wenn man von vornherein davon ausgeht, daß auch abweichende Meinungen wertvolle Beiträge sind, dann ist das Schema ebenso einfach wie zielführend.

Exkurs 36 – Ausführungsbeispiel – Brain-Star

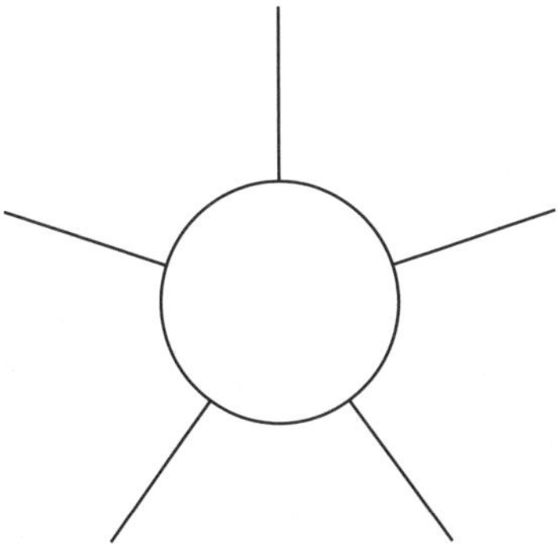

Der ›Brain-Star‹ ist ein einfaches Schema (z. B. als Skizze auf einer Flipchart), mit dessen Hilfe Sachdebatten unterstützt und Entscheidungen vorbereitet werden können. Die Argumente oder Alternativen, für die ein Konsens besteht, kommen in den Kreis. Ein Veto genügt, damit es in die Sektoren der Befürworter wandert. Ich schlage zwei ganz einfache Meta-Regeln vor: (1) Ohne Konsens ist kein gemeinsames Vorgehen möglich. (2) Ohne ›Strahlen‹, also ohne abweichende Einzelmeinungen, handelt es sich um einen ›toten Stern‹.

Das Schema entspricht einer offenen Diskussionshaltung und fördert sie. Man kann die Bedeutung des Konsens als Kern sehr gut begründen und in der Form wiederfinden. Das gleiche gilt für den Dissens. Abweichende Meinungen werden als wichtig symbolisiert. Das Schema sorgt nachhaltig für Klarheit und gemeinsames Verständnis, dies gilt für den Konsens und wie er eben verstanden wird. Ebenso werden konträre oder darüber hinausgehende Argumente nicht einfach verdrängt (in beiden Bedeutungen dieses Wortes), sondern sie bleiben offen sichtbar, so wie sie eben auch als Einzelmeinungen von Personen aufrechterhalten werden. Damit hat eine Führung gute Voraussetzungen, um zum einen darüber zu entscheiden, ob die Debatte erschöpft ist oder ob man weiterem Diskussionsbedarf Raum geben sollte, und zum zweiten, ob und wie eine Richtungsentscheidung durch die Führung zu treffen ist. Wenn sie achtsam mit dieser Information umgeht, kann sie sich hervorragend auf etwaige Konflikte durch Einzelmeinungen einstellen. Sie kann sensibel und speziell darauf eingehen. Wenn sie in ihrem Team Autorität besitzt und als Führung anerkannt ist, kann sie auch einer Entscheidung zum Durchbruch verhelfen, für die zunächst kein Konsens vorliegt. Sollte die

Führungsperson aber die Führungsfunktion nur eingeschränkt oder gar nicht ausfüllen können, dann wird dies im Ergebnis des gemeinsamen Prozesses deutlich. Der reflektierende Kommunikationsprozeß erzeugt dadurch Aufforderungen und Hinweise, die Führungssituation im Team *aktiv* zu gestalten.

In diesem ergebnisoffenen Prozeß spiegelt sich die aktuelle Meinungssituation wieder, oder wir können auch sagen: der aktuelle Wille. Dieser Prozeß lebt davon, daß zunächst keine Präferenz irgendein einzelnes Argument ausschließen kann (dies ist als Anspruch zu verstehen). Auf diesem Weg wird in einem Team nicht nur ein Thema differenziert durchdacht, sondern es wird auch deutlich, was am Ende an (Führungs-) Entscheidungen nötig ist, damit das System zu einer gemeinsamen Aktion kommen kann.

Im siebten Kapitel analysiere ich die Zusammengehörigkeit von Personen sowie die wechselseitige Funktionalität ihrer Handlungen als das, was ›Führung‹ bedeutet, nämlich Geschlossenheit. Im Brain-Star-Prozeß wird die Lage bezüglich der Geschlossenheit aufgedeckt, und damit konfrontiert sich das Team selbst mit seiner aktuellen Lage oder auch mit seinem ungeschönten Selbstbild. *Offenheit und Vertrauen führen mit dieser Art Kommunikation zu Qualität.* Gleichzeitig wird der Überlebenswille des Teams virulent, der zu einer starken gemeinsamen Aktion auffordert. Das ist so, weil ein Team nur überlebt, wenn es Einzelaktionen vieler Personen immer wieder zu einer gemeinsamen Aktion bündeln kann. Das versteht jeder unmittelbar – wer nicht, der gehört tendenziell nicht ins Team.

Nun kann man sich leicht vorstellen, daß man ein Ergebnis, das auf diese Weise gefunden wurde und zu einer Entscheidung führte, nach einiger Zeit wieder sehr gut aufgreifen kann. Man prüft, ob die Annahmen und Argumente des Konsens durch den weiteren Verlauf seither gestützt werden oder nicht. Die abweichenden Argumente können ebenfalls mit der realen weiteren Entwicklung abgeglichen werden. Man bräuchte nicht ausgerechnet *dieses* Schema, um wie beschrieben vorgehen zu können, aber dieses Schema eignet sich sehr gut dafür.

6.8 Systemaufstellungen

Mit den bisher betrachteten Verfahrensweisen wurden Kommunikationsbeziehungen mit Hilfe einzelner Kriterien skaliert oder nach einem graphischen Schema abgebildet. Systemaufstellungen ermöglichen, die Bedeutung in sozialen Beziehungen direkt abzubilden. Mit einer Systemaufstellung wird die Qualität von Beziehungen in einer konzentrierten Form erlebbar, und wir können diese Beziehungen auch probehandelnd verändern. Wir benutzen mit Systemaufstellungen eine Ressource, die Menschen zumindest im deutschen Sprachraum seit jeher kennen – und zwar ›eigentlich‹ oder implizit kennen. Wir finden diese Ressource als etwas ganz Vertrautes in unserer Alltagssprache. Wenn wir über zwischenmenschliche Beziehungen sprechen, dann verwenden wir häufig räumliche Metaphern – ›Er steht hinter mir‹, ›er wendet sich ab‹, oder man fragt: ›Wie stehen wir zueinander?‹ Dies ist offenbar eine sinnfällige Art, eine komplexe soziale Situation zu beschreiben. Mit der Methode der Systemaufstellungen tut man nichts anderes, als unsere Sprechweise, also unsere Wortbilder im Kopf buchstäblich in den Raum zu übertragen. Jemand erzählt dabei nicht verbal von seiner Situation im Unternehmen (»Mein Chef steht hinter mir«), sondern er positioniert wortlos Stellvertreter für die maßgeblichen Personen intuitiv im Raum, gemäß der Frage: »Wie stehen wir zueinander?« Die Stellvertreter stehen nun quasi in einem lebensgroßen Bericht mittels einer räumlichen Zeichensprache. Bestimmte Konstellationen entsprechen wie bestimmte Zeichen bestimmten Bedeutungen. Man braucht nur einen x-beliebigen Menschen auf einen Platz in der Konstellation zu stellen, und dieser Mensch wird ohne sonstige Informationen verstehen, was in diesem Unternehmen oder in diesem Beziehungssystem ›los ist‹. Nun muß einschränkend ergänzt werden, daß das einheitliche Verstehen, wie bei Sprachen generell, natürlich nicht mechanisch auftritt, sondern lediglich mit nachweisbarer Tendenz[5]. Sprachen sind eben nicht eindeutig, sondern mehrdeutig. Das macht Kommunikation mitunter schwierig, bewährt sich aber gleichwohl über Jahrtausende in einer komplexen Welt.

Exkurs 37 – Eine Systemaufstellung in Bildern

Das erste Bild zeigt die Situation in einem mittelständischen Unternehmen, wie sie ein Technikleiter intuitiv im Raum nachgestellt hat. Rechts davon sind die Personen durch lebensgroße Figuren (›Stumme Vertreter®‹) ersetzt.

Der schlichte geomentrische Grundriß der Konstellation im dritten Bild weist formal eine bemerkenswerte Ähnlichkeit mit der allgemeinen graphischen Darstellung eines Kommunikationssystems auf. Beide Bilder zeigen nicht Personen, sondern deren gemeinsames Produkt – das soziale System zwischen ihnen (Begründung s. u.).

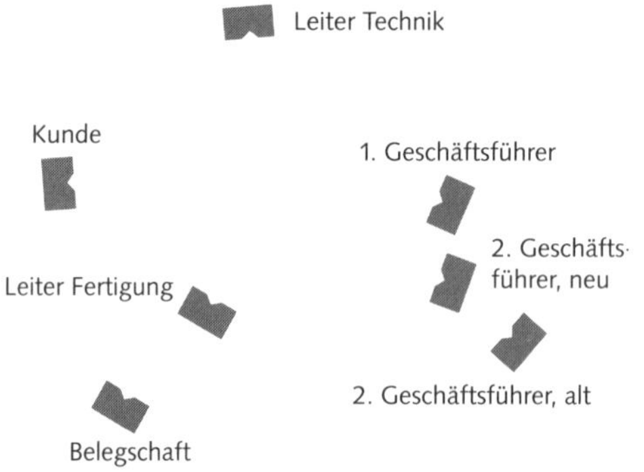

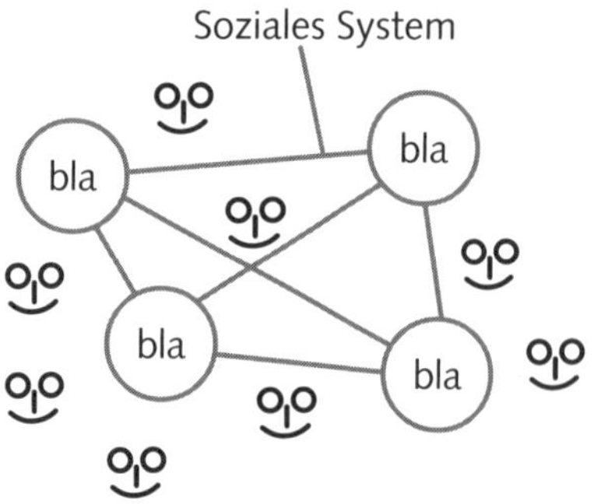

Wenn sich also eine Person wie beschrieben leibhaftig in solch einer geometrischen Konstellation aus Menschen oder Figuren befindet, so stellen sich bei ihr spontan bestimmte Empfindungen ein, die meist ebenso spontan von der Person im Sinne einer sozialen Beziehung gedeutet werden. Stellen wir uns etwa eine Person vor, die als Stellvertreter eines Abteilungsleiters in einer bestimmten Konstellation steht und sagt: »Mir ist komisch flau im Magen, hab keine Kraft in den Beinen. Von hier aus kann ich nichts machen, ich gehör' zwar zu denen, aber die kann ich da drüben überhaupt nicht erreichen, seh' die nur im Augenwinkel, schau' sonst ins Leere, fühl' mich elend. Das ist ein schlechter Platz hier.« Vermutlich taucht in der Vorstellung mancher Leser schon während des Lesens dieser Zeilen schemenhaft das Bild einer Personengruppe auf.

Dieses Beispiel enthält durchaus typische Elemente von Wahrnehmungen in Systemaufstellungen. Da ist zum einen der Bezug auf körperliche Wahrnehmungen, und auch die freie Äußerung von Gefühlen. Vor allem aber fallen die Hinweise auf räumliche Beziehungen, die mit einer sozialen Deutung einhergehen, auf. Es scheint so zu sein, daß unsere Gedankenwelt sehr bereit ist, räumliche Beziehungen mit sozialer Bedeutung zu versehen und damit zu arbeiten. Und wenn irgendwelche Aspekte der Konstellation als ungut erlebt werden, tritt gleichzeitig mehr oder weniger stark der Wunsch auf, die Plätze zu verändern. Genau das geschieht im Prozeß jeder Systemaufstellung beim Übergang von der ›Problemaufstellung‹ zur ›Lösungsaufstellung‹. Und auch diese Veränderungen werden jeweils mit sozialem Sinn belegt: »Jetzt bin ich endlich da bei denen. So mit etwas Abstand und dem freien Raum an der Seite, das ist sehr angenehm. Ich steh jetzt gut hier, spür' Kraft in mir, jetzt kann's losgeh'n, aber die müssen etwas auseinander und sich noch mehr her drehen.« Mit dieser Weiterführung des fiktiven Beispiels will ich deutlich machen, daß es bei Systemaufstellungen nie um statische Analyse gehen kann. Systemaufstellungen sind so wenig statisch, wie soziale Systeme eben auch nie statisch sind. Systemaufstellungen zeigen die Dynamik, die einer sozialen Konstellation innewohnt. Man erhält zudem Hinweise auf mögliche Handlungsoptionen und auf Konsequenzen, die sich im Einzelfall daraus ergeben können. Im Ergebnis werden bestimmte Entscheidungen nähergebracht, die das Beziehungsgefüge im realen Unternehmen positiv verändern können. Das ist die Grundidee.

6.9 Ein Fallbeispiel[6]

Schauen wir uns zunächst einen konkreten Beratungsfall an. Dieser Fall wurde im obengenannten Forschungsprojekt eingehend untersucht. Ein junger Manager, der nach einem betriebswirtschaftlichen Studium in das familieneigene Unternehmen eingetreten ist, sucht drei Jahre später einen Berater auf. Er ist unzufrieden, weil ihm wesentliche Dinge im Unternehmen nach wie vor verschlossen bleiben, und er überlegt nun, welche Möglichkeiten er hat, diese Situation zu verändern, und ob er auf seine Partner überhaupt als Partner bauen kann.

Alle Fragen der Vorbereitung im Beratungsprozeß überspringen wir hier und beginnen gleich mit der eigentlichen Aufstellung. Dazu genügt es, die maßgeblichen Protagonisten des Systems des Klienten zu identifizieren oder auch sinnvoll zusammenzufassen (z.B. »der Kunde«). Weitere verbale Schilderungen des Klienten sind nicht vorgesehen und wären auch kontraproduktiv, weil die jetzt zusätzlich zum Berater anwesenden Personen, die als Stellvertreter fungieren, möglichst unbefangen bleiben sollen. Sie sollen ja ihre Wahrnehmungen allein aus der Position in der Konstellation beziehen.

Der Klient stellt dann die Personen oder lebensgroßen Figuren *gemäß seiner Intuition* im Raum auf. Dieser Schritt dauert zwar nur wenige Minuten, aber damit wird gewissermaßen der Keim für den weiteren Prozeß gelegt. Die mentale Verfassung des Klienten ist dabei entscheidend, und entsprechend muß der Berater seinen möglichen Einfluß achtsam nutzen, um Selbstvertrauen und Ernsthaftigkeit im Klienten zu unterstützen. Erlaubt sich der Klient, wirklich ›gesammelt‹ aus der Intuition aufzustellen, dann sind gute Voraussetzungen geschaffen. Das Ergebnis dieses ersten Schrittes ist die ›Problemaufstellung‹, die nun im Raum steht. Von diesem Moment an vollzieht sich das weitere Geschehen meist bis zur Lösungskonstellation unabhängig vom Klienten. Die Stellvertreter werden nach ihren Wahrnehmungen befragt, ›das Bild beginnt zu sprechen‹, und es entwickelt sich die Dynamik.

Exkurs 38 – Problemaufstellung

S&B Metall GmbH, aufgestellt von Böhm jun., Manager im Unternehmen zweier Familien in der vierten Generation (180 Mitarbeiter). Böhm sen. ist stiller Teilhaber der Firma und wurde vom Klienten zunächst nicht berücksichtigt. Die Geschäftsführer Schulz sen. und Dr. Müller sind beide etwa 65 Jahre alt. Äußerungen eines Stellvertreters auf dem Platz von Böhm jun.: »Ich empfinde diese Position nicht als angenehm, die Firma ist zwar nah, aber mir fehlt der Zugang … da ist nicht gerade Mißachtung, aber es geht an mir vorbei, der Kunde ist verdeckt von der Firma, und der hat kein Interesse an mir, und das Triumvirat links interessiert sich auch nicht für mich … sehr unangenehm ist, daß mein Vater mir nicht zur Seite steht … ich würde mir wünschen, daß ich Kunde und Firma besser im Blick hätte, und die Fraktion, die müßte sich günstiger verändern … ich hab den Eindruck, ich muß einen Riesenschritt näher, wenn ich nicht noch nach 100 Jahren so hier stehen soll.« (VS–S. 147 ff.).

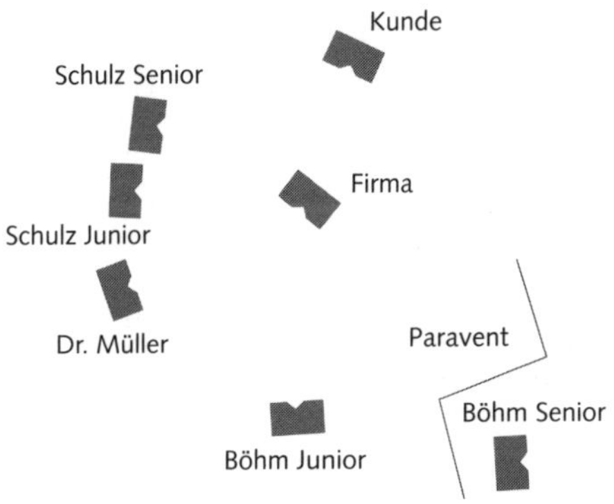

Geometrie der Problemaufstellung

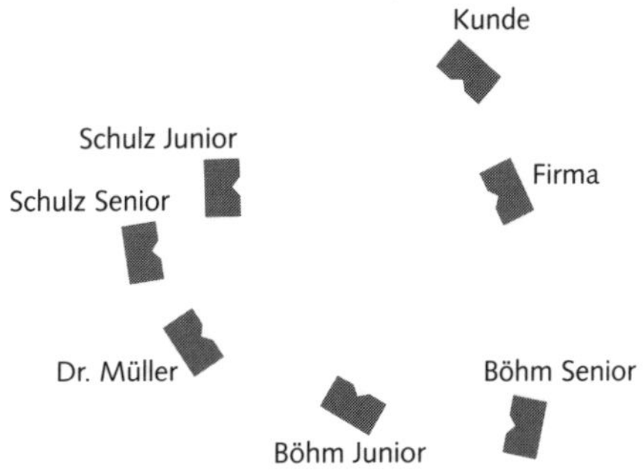

Geometrie der Lösungsaufstellung

Exkurs 39 – Lösungsaufstellung

Wahrnehmungen am neuen Platz für Böhm jun: »Ich habe diesen Platz dann doch gewählt, weil ich mich denen zugehörig fühle, aber dort bei denen hätte ich vom Vater und Dr. Müller nicht so profitiert, jetzt habe ich mich denen zugewandt, den Kunden und das Unternehmen im Blick, und den Vater als Unterstützung … ich habe die Chefposition, aber die drei im Blick«; » … in dieser Konstellation finde ich viel Klarheit, Schulz jun. ist mehr dem Unternehmen und ich mehr dem Kunden zugewandt, ich spüre, daß der Schulz sen. etwas nach hinten ist, aber er unterstützt immer noch seinen Sohn … gut finde ich, daß mein Vater eingetreten ist und mich unterstützt in meiner Verantwortung, Verantwortung, das ist der beste Begriff dafür.« (Entnommen aus VS-Anhang C)

In den Exkursen 38 und 39 sind Ausschnitte aus dem Aufstellungsprozeß wiedergegeben, und zwar nur die Aussagen von Stellvertretern des Klienten, wie sie sich im Forschungsprojekt ähnlich wie im Beratungsfall ergeben haben. Schon in diesen Ausschnitten kann man drei der vier Aspekte des Gewinns durch die Aufstellung herausarbeiten, die alle wesentlichen Schritte für das praktische Vorgehen des Klienten im Unternehmen aufzeigen:

Aspekt 1: Böhm jun. muß den Kontakt zu seinem Vater (wieder) herstellen und einen Weg finden, sich seinen Vater zur Seite zu holen. Mag dieser Kontakt auch mit spezifischen Schwierigkeiten behaftet sein, die Hauptsache ist, daß Böhm jun. nur deshalb *so* in diesem Unternehmen ist, weil sein Vater die Voraussetzungen dafür schuf. Der Sohn verdankt seine Position im Unternehmen buchstäblich seinem Vater, wie immer optimal er diese Chance mit eigener Leistung zu nutzen vermag. Es geht hier um die Anerkennung und Würdigung einer Tatsache, die den Sohn subjektiv stützen würden. Um operative Unterstützung durch den Vater geht es dabei nicht, das kann man wiederum den Stellungen entnehmen.

Aspekt 2: Böhm jun. muß einen ›Riesenschritt‹ ins Unternehmen realisieren. Wenn man dem Klienten selbst und der Systemaufstellung Glauben schenken will, bestehen auch die Voraussetzungen dafür, als

Potential in der Unternehmung und in ihm selbst – fragt sich nur, was er daraus macht. Hier kann eine weitere Beratung hilfreich sein und den Weg des Klienten unterstützend begleiten (Coaching). Der Klient muß nun Fähigkeiten in sich entwickeln, die ihm offenbar möglich aber doch neu und ungewohnt sind.

Aspekt 3: Wenn Böhm jun. den ›großen Schritt‹ unternimmt, wird er bei Schulz sen. und Dr. Müller auf Respekt, Wohlwollen und Unterstützung treffen. Glaubt man dem Aufstellungsprozeß (der mehr umfaßt als hier dargestellt werden kann), dann ist es auch in deren subjektivem Interesse, daß es mit dem Unternehmen gut weitergeht. Insbesondere würde dieser Schritt von Schulz jun. begrüßt, der für seine neuen Pläne und Ideen einen starken Partner braucht.

Aspekt 4: Für die Handlungsalternative, daß Böhm jun. den ›großen Schritt‹ nicht umsetzt, hält die Aufstellung eine Warnung für ihn bereit, denn anders hat er kaum eine Chance, seine Situation im Unternehmen zu verbessern, sondern ist von Konflikten geschwächt und noch in ›100 Jahren‹ so machtlos wie heute. Außerdem dürfte das Unternehmen eine derartige Kraftlosigkeit in der Führung kaum lange überleben (VS–S. 149). Es geht hier nicht darum, dem Klienten eine ›eherne Wahrheit‹ vorzuhalten. Der Aufstellungsprozeß bietet vielmehr gut geeignete Anhaltspunkte, um mit dem Klienten mögliche ernste Konsequenzen einer mangelhaften Initiative zu erörtern.

Exkurs 40 – Coaching für Laien

Coaching kann keine beliebig gewünschte Veränderung bedeuten, sondern die entschiedene Weiterentwicklung der inneren Möglichkeiten. Auch hier ist der Berater im günstigen Fall ein achtungsvoller und vielseitiger Katalysator, der erfahrungsgestützte Methoden anbieten kann. Nicht Worte verändern, sondern die kluge und wohlwollende Reflexion von Erfahrung. Wenn man dafür einen anderen Menschen in Anspruch nimmt, ist das kein Hinweis auf ein Problem, sondern auf Know how.

Man nutzt also die Äußerungen der Stellvertreter und ihre zunächst nur geometrischen Veränderungswünsche, um reale Probleme in Unternehmungen zu bearbeiten und mit konkreten Schritten im realen System zu lösen. Allerdings kann man diese Schritte zum Zeitpunkt der Aufstellung nur insoweit als ›richtig‹ ansehen, als der Klient vor dem Hintergrund der Aufstellung dies selbst überzeugend so entscheidet.

Vor allem im privaten Kontext werden auf diese Weise seit Jahren beachtliche Erfolge erzielt. Die Methode verbreitete sich rasch durch Erfahrungsberichte von Teilnehmern. Seit einiger Zeit faßt die Methode mit ihrem auffallend günstigen Zeit/Nutzen-Verhältnis auch in Unternehmen Fuß. In den meisten Fällen genügt eine Aufstellung (0,5–2 Std.), um die wesentliche Dynamik mit einer guten Lösung sichtbar zu machen.

Nun stellen sich bei kritischer Durchsicht vor allem zwei Fragen: 1. Wenn eine x-beliebige Person als Stellvertreter auf einen Konstellationsplatz gestellt wird, ist dann nicht auch ihr Empfinden und Handeln genauso x-beliebig, und würden sich andere Personen nicht eben auch anders äußern? 2. Woher soll man wissen, daß das Geschehen in der Aufstellung irgend etwas mit dem realen Geschehen im realen Unternehmen zu tun hat?

In Exkurs 41 skizziere ich die wissenschaftliche Klärung der ersten Frage.

Exkurs 41 – ›Weiche‹ Methode mit ›harter‹ Basis

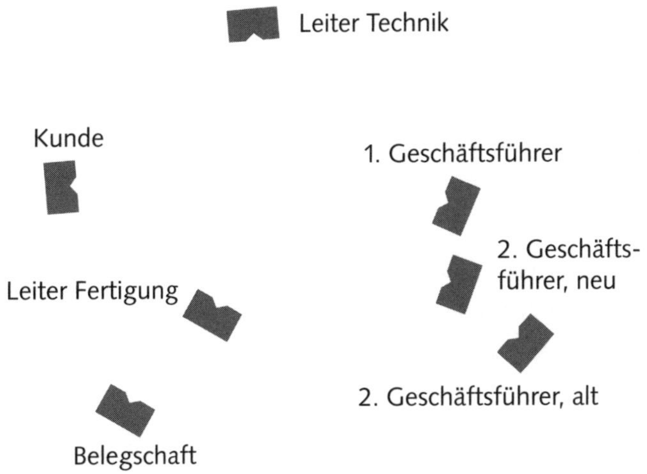

Das erste Basisphänomen (oben 1. Frage) in Systemaufstellungen konnte in einem großangelegten Forschungsprojekt mit über 250 Probanden und etwa 4000 Einzelversuchen empirisch verifiziert werden. Anders als in den Humanwissenschaften üblich, kamen die wichtigsten Versuchsergebnisse nicht durch Interpretation eines wissenschaftlichen Beobachters zustande, sondern durch Messungen und einfache Statistiken, wie man sie beispielsweise in den Ingenieurwissenschaften verwendet. Mit diesen Versuchen konnte mit hoher Signifikanz bestätigt werden, daß die sogenannte ›repräsentierende Wahrnehmung‹, also die Äußerungen beliebiger Personen an einzelnen Positionen in einer Aufstellungskonstellation, *nicht von diesen Personen abhängen, sondern von der Position in der räumlichen Konstellation*.

Das Setting: In diesem Forschungsprojekt wurde immer dieselbe Konstellation mit Figuren exakt nachgestellt. Sodann führte man die Testpersonen einzeln im Austausch mit den Figuren von einem Platz zum anderen und dokumentierte ihre subjektiven Äußerungen. Mit drei unterschiedliche Versuchssettings konnte man die Ergebnisse wechselseitig überprüfen. Zwei davon lieferten über Multiple-Choice-Verfahren reine Zahlenwerte, so daß ohne hermeneutische Interpretationen, also gewissermaßen unabhängig von der Versuchsleitung einfache Statistiken entstanden (also nur die Häufigkeit der von den Probanden gewählten Optionen). In der Beschreibung des Versuchsaufbaus kann man nachvollziehen (VS Kap. 2), wie weitgehend dafür gesorgt wurde, daß während eines Versuchs die Kommunikation zwischen Testperson und Versuchsleitung fast vollständig abgebaut war und damit eben auch jegliche Möglichkeit einer Beeinflussung der Versuchsergebnisse.

Beteiligte Unternehmen: Ein Großteil der Versuche wurde in Partnerunternehmen durchgeführt – Bertelsmann-Stiftung, Kroll Ontrack GmbH, Robert Bosch GmbH, Vollack GmbH und WEB.DE AG. Das Unternehmen oder die Niederlassung stellte für einen Tag einen Raum zur Verfügung und ›schickte‹ jede Stunde eine weitere Mitarbeiterin oder einen Mitarbeiter. Auf diese Weise war auch eine externe Qualitätskontrolle der Versuche gegeben, und zwar durch die federführenden Personalabteilungen und die Mitarbeiter selbst.

Ergebnisse Hauptversuch 1: »Beide Versuchstypen wurden dem Chi^2-Test unterworfen und zeigen Signifikanz in einem Ausmaß, wie sie in der Psychologie oder Soziologie ungewöhnlich ist (…) die ›Irrtumswahrscheinlichkeit‹ liegt im vorliegenden Fall unter 0,1 %« (VS–S. 175). (Der Chi^2-Test ist ein statistischer Standard-Test). Die Äußerungen in Systemaufstellungen sind also nicht rein zufällig, sondern sie hängen hauptsächlich von der Konstellation ab und eben nicht von den Personen, die hineingestellt werden.

Resümee: Mit Systemaufstellungen wird kein ›Kaffeesatzlesen‹ betrieben, sondern *von Menschen erzeugte Zeichen im Raum werden von anderen Menschen wie eine Zeichensprache gelesen, gedeutet und weiterbearbeitet.*

Nun zu der zweiten Frage, ob und wie eine Systemaufstellung mit realem Geschehen zusammenhängt, oder anders formuliert – *Wie wahr sind Systemaufstellungen?*

6.10 Wie wahr sind Systemaufstellungen?

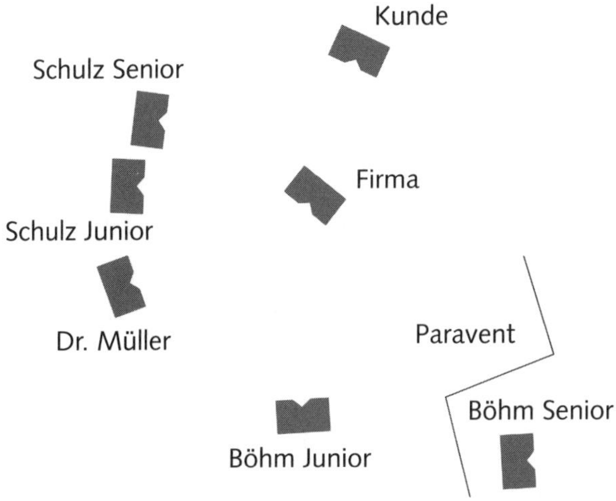

Bei dieser Frage versagt die Wissenschaft prinzipiell, zumindest wenn man eine naturwissenschaftlich geprägte Objektivität fordert.

Angenommen, eine Person aus einem Unternehmen schildert ihre Situation in ihren Arbeitszusammenhängen – nehmen wir zunächst einmal an, die Person beschreibt sie mit Worten –, könnte dann ihr Bericht über die Beziehungssituation jemals wissenschaftlich objektiv verifiziert oder falsifiziert werden? Man muß dabei beachten, daß jetzt nicht ›harte‹ Daten wie »Umsatz« oder ähnliches interessieren, sondern Beziehungen zwischen Personen. Dann muß die Antwort eindeutig: Nein lauten. Wir wären immer auf subjektive Interpretationen durch Beobachter angewiesen, und zusätzlich würde eine wissenschaftliche Beobachtung und Untersuchung die Situation mehr oder weniger beeinflussen und verändern. Wenn die Person ihre Situation mit der räumlichen Zeichensprache darstellt, stoßen wir auf genau dasselbe Problem. Wir müssen hier einfach zugestehen, daß subjektive Berichte über komplexe Beziehungszusammenhänge in Unternehmen nie ›objektiv‹ als richtig oder falsch bewertet werden können, ganz gleich in welcher Sprache sie vorgetragen werden. Folglich muß man sich, wenn man Beziehungszusammenhänge in Unternehmen bearbeiten will, unvermeidlich auf subjektive Wahrnehmungen stützen. Genau das tut man auch bei Systemaufstellungen.

Also können wir in erster Näherung einem Bericht in ›Zeichensprache‹ mindestens genauso trauen und damit arbeiten wie einem verbalen Bericht.

Darüber hinaus kann man eine sehr hohe Erfahrungsvalidität beobachten: Klienten berichten in einem auffallenden Umfang davon, daß das Geschehen in ›ihren‹ Aufstellungen ihre Situation zutreffend wiedergibt. Empirische Studien sagen ähnliches aus, so auch meine eigene Studie: Auf einer 7-wertigen Skala gaben 43 % den höchsten Wert an (»verblüffende Übereinstimmung in wichtigen Punkten«), 39 % Wert 6, 11 % Wert 5, 7 % Wert 4. Weniger Übereinstimmung oder gar eklatante Widersprüche entdeckte kein Klient. Um diese Ergebnisse zu interpretieren muß man sich klarmachen, daß die Klienten vor der Aufstellung den Stellvertretern nichts von ihrer Situation berichten, außer natürlich, welche Protagonisten beteiligt sind. Ja, mehr noch, im Prozeß einer Systemaufstellung tauchen regelmäßig Aspekte auf, die dem Klienten selbst nach eigener Aussage zuvor so nicht klar oder bewußt waren – aber später heißt es zumeist: »Genau so ist es, woher wußten Sie das?« Gleichwohl rechnet ein qualifizierter Berater mit Abweichungen, und er kann im Interesse des Klienten sensibel und flexibel damit umgehen. Systemaufstellungen dürfen nicht wie ein mechanisches Rechenverfahren aufgefaßt werden.

Wenn nun eine Person ihr System aufstellt und die Äußerungen der Stellvertreter an den einzelnen Positionen als zutreffend und hilfreich bewertet, dann kann mit ihr zusammen auf den Ergebnissen der Systemaufstellung aufbauend ein konkretes Vorgehen im Unternehmen entwickelt und begleitet werden – die Systemaufstellung hat sich offensichtlich als ›wahr‹ erwiesen, zumal wenn sich die gefundene Lösung in der Folgezeit bewährt. Jedenfalls geht es nicht ›wahrer‹, mit keiner Beratungsmethode.

6.11 Die Erfahrungsqualität von Systemaufstellungen

Wie wirkt eine Systemaufstellung? Wie schmeckt eine Erdbeere? In beiden Fällen können Worte allein die eigene Erfahrung nicht erübrigen. Wir stehen also mit diesem Kapitel über die Erfahrungsqualität von Systemaufstellungen vor einem Problem, das kein Buch der Welt lösen kann.

Der Mensch lernt hauptsächlich aus Erfahrung, mehr als nur aus Worten. Immer wenn es um mehr geht als um reine Theorien, müssen wir das Augenmerk auf die Erfahrung richten, auch wenn wir damit den sicheren Boden theoretischer Zusammenhänge verlassen. Für ein tieferes Verständnis der Kommunikationsprozesse in Unternehmen ist dies mit Sicherheit der Fall. Mit Systemaufstellungen vollführt man mehr als eine rein gedankliche Erörterung. Eine Aufstellung bietet die Möglichkeit, nicht nur über Kommunikationsbeziehungen zu reden, sondern sie in konzentrierter Form probehalber zu erfahren. Wahrscheinlich ist das sogar der Hauptgrund für den Aufschwung, den die Methode in den letzten 20–25 Jahren genommen hat.

Exkurs 42 – Staunen läßt reifen

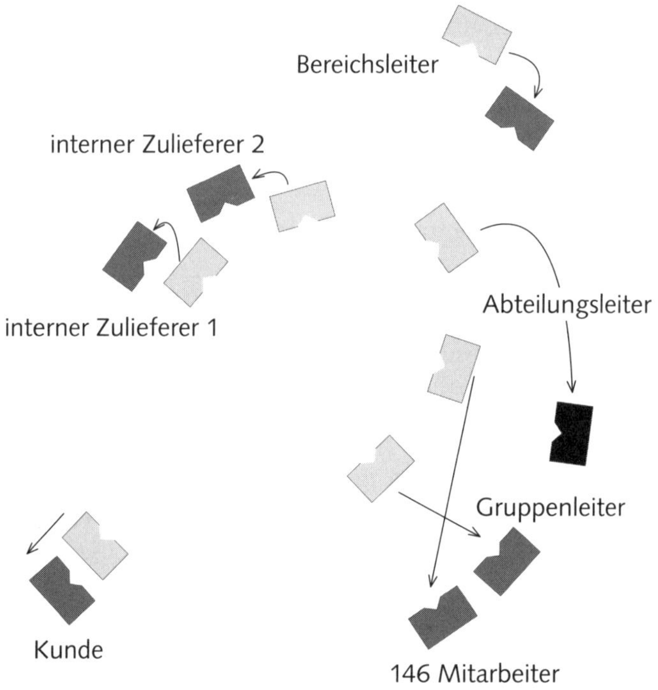

Die hellgrauen Positionen hat ein Abteilungsleiter aufgestellt, der gerade im Team befördert worden war. Die Pfeile und dunkelgrauen Positionen zeigen den Weg zur Lösungsaufstellung. Auf die schwarze Position wurde der Klient selbst gegen Ende gestellt. Er sagte in der Nachbearbeitung drei Wochen nach seiner Aufstellung (z.T. wörtlich): »Als ich an meinem neuen Platz stand, bin ich im ersten Moment richtig erschrocken und dachte, ich würde gleich nach vorne in den Kreis fallen. Dann am Abend habe ich mit meiner Frau gesprochen und erst richtig verstanden, was für einen großen Schritt ich vorhabe. Es geht nicht mehr wie früher mit meiner eigenen kleinen Welt eng bei meinen Kollegen – ich muß einen großen Kreis aufspannen und halten. Und ich habe mich, glaube ich, zum ersten Mal wirklich gefragt, ob ich das will. Meine Entscheidung, und es ist auch unsere Entscheidung, ist jetzt klar – ja.

Ich habe ziemlichen Respekt davor, manchmal auch ein flaues Gefühl. Aber ich weiß jetzt, daß die neue Aufgabe meinen Fähigkeiten entspricht und daß ich das kann.«

Vielleicht wird mit diesen Zeilen noch einmal deutlich, daß einem der Gewinn aus Systemaufstellungen nicht automatisch in den Schoß fällt. Wenn man sich für den Ernst von Erfahrungen öffnet, hat man beste Chancen. Mehr ist nicht möglich, aber daraus kann man viel machen.

Im obigen Exkurs habe ich einen Fall skizziert, bei dem der Leiter einer Gruppe die Nachfolge des alten Abteilungsleiters antritt. Ein solcher Schritt ist immer mit der Aufgabe verbunden, daß sich die betroffene Person in gewissem Sinn neu erfindet, sich also weiterentwickelt. Nach systemischer Anschauung muß diese Entwicklung als Möglichkeit bereits in der Person angelegt sein, aber genau weiß man das erst hinterher. Jedenfalls hat die Systemaufstellung dem Klienten eine zentrale Metapher geliefert, die er wie einen Kompaß für die neue Gestaltung seines Alltags nutzen kann: Hier ist es ›der große Kreis‹, den es auf zuspannen gilt. Dazu gehört eine neue Distanz zu den Mitarbeitern und eine neue Beziehung zu den Gruppenleitern, die er in deren Führungsaufgabe nun unterstützen und anleiten muß. Dies kann man aus dem Tausch der Positionen ablesen. Aus der unmittelbaren Mitarbeiterführung muß er sich spürbar zurückziehen, um die Gruppenleiter nicht zu schwächen, aber auch um seinen neuen, strategischer angelegten Aufgaben gerecht zu werden. Hinzu kommt eine neue Öffnung zur Bereichsleitung. So kann man also sagen, die komplexe Aufgabenstellung des neue Abteilungsleiters sei nun durch eine bildhafte Metapher vereinfacht. Er bekam einen ›roten Faden‹ in die Hand, der ihn zu dem führt, was auf der Beziehungsebene wirklich wichtig ist. Mit diesem ›roten Faden‹ kann er seine Kommunikation effektiv ordnen und gewinnt dadurch Freiraum, um sich den neuen Sachfragen zu widmen. Man kann auch sagen, er habe sich mit der Aufstellung eine Leitidee verschafft. So wie vielleicht ›Vorchecking‹[7] eine handlungsleitende Idee für Fußballer ist, hat er jetzt eine handlungsleitende Idee für seine nächste berufliche Etappe, die er im Alltag immer wieder neu konkretisieren kann. Aber es handelt sich sogar um mehr als nur eine Idee, und dazu komme ich jetzt.

Systemaufstellungen sind auch eine Art Schauspiel, das von der eigenen Lebenssituation handelt. Das hat zweierlei zur Folge. Zum einen gewinnt der Klient mit der Aufstellung Distanz. Er muß keine langen Reden führen und erklären, sondern er tut nur kurz etwas, positioniert Personen oder Figuren in einem intuitiven kreativen Akt im Raum, und anschließend braucht er nur noch zu beobachten. So äußerte sich der in Exkurs 37 erwähnte Technikleiter nach seiner Aufstellung wie folgt: »Das Herausragende an der Aufstellungsmethode ist für mich, daß ich mein Thema ohne große Vorbereitung aufstellte und dann entspannt von außen beobachten konnte. Ich bekam eine völlig neue Sichtweise und startete damit den eigenen Veränderungsprozeß« (Technikleiter eines mittelständischen Unternehmens mit 350 Mitarbeitern, vgl. erster Hauptversuch im Forschungsprojekt). Die Distanz von der eigenen Situation beim Betrachten ist ein kreativer Zustand, den man sonst schwer realisieren kann. Hier gehört er quasi zur Grundausstattung. Durch die Betrachtung gewinnt man Distanz, und man nimmt auch *Bilder* mit, insbesondere gilt das für die Schlußphase einer Aufstellung, wenn die aufstellende Person sich selbst in das ›Lösungsbild‹ hineinstellt. Bilder sind ein besonderes mentales Phänomen, sie haben eine nachhaltige, tragende Kraft, weit mehr als Gedanken oder Gefühle. Entsprechende Sinnsprüche gehen kulturübergreifend um die Welt, z. B.: ›Ein Bild sagt mehr als 1000 Worte‹ (altchinesische Weisheit).

In dem geschilderten Fall hat der Abteilungsleiter aus der Aufstellung nicht nur die strategische Idee: ›einen großen Kreis aufspannen‹ gewonnen, sondern er hat nun auch ein konkretes Bild, das sein Schlüsselerlebnis stabilisiert und ihn vielleicht auf Jahre hinaus begleitet, bis wieder etwas Neues ansteht. Aber damit haben wir noch immer nicht den ganzen Gewinn einer Systemaufstellung ausgeschöpft. Er hat nicht nur eine Idee und nicht nur das Bild dazu, sondern er hat auch die Erfahrung dazugewonnen, daß er den ›Sprung‹ auf seinen neuen Platz in einer sauberen Haltung buchstäblich ›gestanden‹ hat. Er stand ja leibhaftig in der Konstellation, die seine neue Situation symbolisiert. Er schwankte nur für einen Moment, aber dann hat er wieder ohne fremde Mithilfe Festigkeit gewonnen, er hat den Kreis letztlich gut (aus-)gehalten und das Neue darin erfahren und gespürt, daß er ›es‹ kann. Mit einer solchen Erfahrung kann man viel anfangen, und genau das bedeutet ›probehandeln‹.

6.12 Systemaufstellungen als Integral über soziale Systeme

Die folgenden Ausführungen entwickle ich in enger Anlehnung an einen Abschnitt aus der Forschungsarbeit (VS–S. 191 ff.).

In Systemaufstellungen muß man zwei Kommunikationsarten unterscheiden: Zum einen (1) gibt es die Kommunikation in der Bildebene, die auch »Stellungssprache im Raum« genannt wurde, und zum zweiten (2) »normale« verbale Kommunikation. Betrachten wir zunächst die Bildebene (1) und nehmen das Ablaufschema einer Systemaufstellung:

- Ein Klient teilt seine Information über das System mit, indem er Stellvertreter im Raum positioniert (Information und Mitteilung).
- Die Stellvertreter verstehen diese Information, und zwar signifikant gleichsinnig (Verstehen).
- Negative Bewertungen dieser Information werden vorwiegend mit geometrischen Veränderungen durch die Stellvertreter beantwortet (neue Information und neue Mitteilung).
- Erneutes Verstehen der Stellvertreter …
- Ein Endstand wird erreicht, wenn alle Stellvertreter mit ihrer Position zufrieden sind – dies ist die *Lösungskonstellation.*

Wie oben aufgegliedert, kann der Prozeß einer Systemaufstellung als Prozessieren von Sinn oder eben als Kommunikation aufgefaßt werden. Für diese Kommunikation ist verbale Sprache nicht zwingend erforderlich.

Systemaufstellungen funktionieren auch ohne derartige Übersetzungen in wörtliche Rede durch die Stellvertreter, vielmehr wird eine stumme Art der Kommunikation zumindest phasenweise in Systemaufstellungen absichtsvoll von Aufstellungsleitern initiiert, wenn sie eine spezifische Achtsamkeit bei den Stellvertretern fördern wollen. Die Stellvertreter bewegen sich also wortlos im Raum, und zwar so lange, bis eine Konstellation erreicht ist, bei der kein Stellvertreter mehr einen weiteren Veränderungswunsch verspürt.

Systemaufstellungen kommen also bei Bedarf, übrigens genauso wie ein Fußballspiel, ohne verbale Sprache aus. Die Zeichen im Raum genügen, um zu verstehen und zu handeln. Nun wechsel ich die Betrachtungsweise und schaue, welche Unterschiede bezüglich verbaler Sprache (2) im Vergleich zwischen ›normalem‹ Leben und Systemaufstellungen zu finden sind. Man stelle sich vor, in einem ›normalen‹ Lebenszusammenhang kommt eine Person recht dicht vor einer anderen zum Stehen, dann könnte es sein, daß diese andere Person mit der Äußerung reagiert: »Sie stehen mir im Weg.« Einen so persönlich gemeinten Satz hört man in Systemaufstellungen gerade nicht, dort herrscht eine andere Sprechweise vor. Dort hört man in einem solchen Fall vielleicht: »Der steht mir im Weg.« In diesen beiden Formulierungen verbirgt sich mehr als eine grammatikalische Nuance. Der zweite Satz hat eine andere Bedeutung oder prozessiert einen anderen Sinn als der erste. Der erste Satz ist Kommunikation zwischen einzelnen Personen, und die angesprochene Person (»Sie stehen mir im Weg«) ist tatsächlich ganz persönlich gemeint, und je nach mentaler Souveränität der Beteiligten kann sich daraus eine Kommunikation ergeben, die vielleicht auch harsche nonverbale Elemente enthält und trotzdem mit einer Systemaufstellung rein gar nichts zu tun hat. Nicht so im zweiten Fall in einer Systemaufstellung; *hier wird in distanzierter Form unpersönlich eine Beziehungssituation beschrieben*, die mit der natürlichen Person in der Systemaufstellung nichts zu tun hat und für die diese Person auch keine Verantwortung trägt. Man kann regelmäßig feststellen, daß beide Personen, wenn sie sich in einer Systemaufstellung befinden, die Aussage völlig anders verstehen als in zwischenpersönlicher Kommunikation. Und das hat nichts damit zu tun, daß die Stellvertreter in der Systemaufstellung eine ›Rolle‹ spielen. Sie übernehmen eben keine ›Rolle‹ im Sinne einer Theaterrolle. Auch im Theater ereignet sich zwar vorgespielte, aber doch ›normale‹ zwischenpersönliche Kommunikation. In einer Systemaufstellung ist das anders.

Andere Zeichensprachen wie etwa die Gebärdensprache der Gehörlosen sind zweifelsfrei nicht-verbale Sprachen, aber sie sind zunächst Sprachen einer zwischenpersönlichen Kommunikation. Durch diese Analyse stoßen wir darauf, daß die Bezeichnung der Stellungssprache im Raum als ›nicht-verbale‹ Sprache zumindest noch unzureichend ist. Um eine neue Bezeichnung zu finden, die der Analyse konsistent entspricht, treiben wir die Analyse noch weiter.

Zur weiteren Aufklärung gehe ich noch genauer auf eine reale Systemaufstellung ein. So könnte z. B. in der Systemaufstellung des Unternehmens S&B-Metall, der Stellvertreter von Böhm jun. zu Anfang den Satz äußern (wohlgemerkt noch in der Problem-Konstellation): »Ich komme nicht in das Unternehmen richtig rein, die Unterstützung meines Vaters fehlt mir, ich weiß nicht, was ich tun soll.« Wie reagiert nun der Stellvertreter des Vaters in einer Systemaufstellung hinter dem Paravent? Eines ist sicher, er wird dem Sohn keine Antwort geben, die explizite Informationen darüber enthält, was der Sohn tun könnte. Er wird dem Sohn keinen Rat geben. Vielmehr wird er vielleicht gar nichts sagen, sondern er wird höchstwahrscheinlich hinter dem Paravant hervorkommen und wird sich in eine bestimmte geometrische Relation zum ›Sohn‹ stellen. Dieser wird darauf geometrisch reagieren, die anderen Stellvertreter ebenfalls, bis die Lösungskonstellation gefunden ist, und dann ist von ›Böhm jun.‹ vielleicht der Satz zu hören: »Jetzt finde ich viel Klarheit.« Offenbar weiß ›Böhm jun.‹ auf einmal was für ihn zu tun ist. Welche Information wurde zwischenzeitlich mitgeteilt und vom Stellvertreter des Sohnes verstanden, und zwar so verstanden, daß er Orientierung gewinnen konnte? Worte oder Informationen wie: »Tu dieses ... tu jenes« können es nicht gewesen sein, denn solche Worte sind nicht gefallen. Offenbar ist die Information, die ›der Sohn‹ bekam, wie auch seine geäußerte Antwort von einer anderen Art, als wir es normalerweise in unserer Alltagskommunikation gewohnt sind.

Wenn wir nun die uns geläufigen Äußerungen wie »tu dies, tu jenes« als *zwischenpersönliche Kommunikation* bezeichnen, dann müssen wir die Kommunikation in Systemaufstellungen begrifflich anders fassen, aber wie?

Kommen wir mit dieser Frage zu Luhmann zurück. Soziale Systeme werden durch Kommunikationselemente aus Information, Mitteilung und Verstehen konstituiert. Die Kommunikation in Systemaufstellungen besteht ebenfalls aus Kommunikationselementen, in denen wiederum Information, Mitteilung und Verstehen unterschieden werden können. Aber der Sinn, der prozessiert wird, ist nicht von gleicher Art. *In Systemaufstellungen wird über die zwischenpersönlichen Kommunikationen im realen Lebenszusammenhang kommuniziert. So können wir sagen, Systemaufstellungen sind eine Art Metakommunikation über zwischenmenschliche Kommunikation, und zwar fassen Systemaufstellungen diese zwischenpersönlichen Vorgänge in gewisser Weise zusammen. Man kann auch sagen: Mit Systemaufstellungen werden zwischenpersönliche Kommunikationen über die Zeit integriert.*

In einer Grenzwertbetrachtung kann ein extremes Beispiel verdeutlichen, was damit gemeint ist: Ein Kind wird täglich von seinem Vater geschlagen. Wenn diese soziale Beziehungsrealität in eine Systemaufstellung transformiert wird, braucht der Stellvertreter dieses Kindes nicht ein einziges Mal geschlagen zu werden. Der Stellvertreter des Kindes versteht vielmehr durch die geometrische Position zum Vater, wie ihm geschieht. So wird zwischenpersönliche Kommunikation auf eine integrierende Bildebene transformiert, in der alle Kommunikationen oder kommunikationswertigen Handlungen gewissermaßen aufsummiert eingeschlossen sind, ohne daß eine einzige davon konkret ausgeführt werden muß. Und die Kommunikation in Systemaufstellungen kann nonverbal auf dieser Ebene geführt werden, allein durch geometrische Relationen und deren Veränderung: Zwei Schritte da hinüber, 30° gedreht, und etwa auf diese Weise wird dann ein hochkomplexes soziales Problem gelöst. Dieses vielleicht zunächst erstaunliche Lösungsverfahren ist mit gewisser Analogie aus der höheren Mathematik bekannt.[8] Zum Lösen bestimmter Differentialgleichungen werden diese mit Hilfe gewisser Integrationen auf die sogenannte Laplace-Ebene transformiert und dort mit gewöhnlicher Algebra gelöst.[9] Diese Lösung wird nun wieder zurücktransformiert und hält jeder Prüfung durch andere Verfahren stand – mathematisch konsistent.

In sozialen Systemen wird nie eine mathematische Konsistenz auftreten, aber mit der entwickelten Argumentation und Begrifflichkeit kann man nun Systemaufstellungen erklärend formulieren: Systemaufstellungen sind eine Art Metakommunikation über soziale Systeme, in der die realen zwischenpersönlichen Kommunikationen integriert zu einem ganzheitlichen Beziehungssystem zusammengefaßt in Erscheinung treten. Die Beziehungen sind auf diese Weise auf einer transformierten Ebene abgebildet.

In diesem Zusammenhang fällt auf, daß in Systemaufstellungen von Stellvertretern nie etwas über Individuen ausgesagt wird. Charaktereigenschaften etwa sind in Systemaufstellungen schlicht nicht existent, oder sie sind unsichtbar, sie verschwinden in dieser Art der Darstellung, die offenbar nur die Beziehungsaspekte enthält.

Entsprechend müssen auch die Körperwahrnehmungen aufgefaßt werden. Sagt beispielsweise ein Stellvertreter: »Mir ist flau im Magen«, so ist dies in aller Regel nicht als Hinweis auf Magenprobleme des Stellvertreters zu verstehen, sondern als Reaktion, die sich in beliebigen Personen in dieser spezifischen Beziehungssituation einstellt. Das Körpersymptom ist folglich das Symptom einer Beziehung, das lediglich in Personen körperlich zum Ausdruck kommt.

Auf der transformierten Ebene von Systemaufstellungen werden komplexe soziale Kommunikationsbeziehungen rein geometrisch oder ›einfach‹ dargestellt. Zur Darstellung und Lösung von Problemen genügen einfache geometrische Positionierungen. Die Kommunikation in einer Systemaufstellung erscheint nonverbal und unpersönlich und nicht in Form einzelner Kommunikationen im System, sondern als Metakommunikation des Systems mit sich selbst.

Exkurs 43 – Beziehungen als die Spuren der Kommunikation

In Exkurs 12 habe ich genauer herausgearbeitet, daß Kommunikation nicht ohne weiteres dinglich gezeigt werden kann. Das liegt wesentlich daran, daß Verstehen ein integraler Bestandteil von Kommunikation ist, und Verstehen ist prinzipiell ein verborgenes Phänomen, das innerhalb einer Person abläuft. Kommunikation kann man also strenggenommen nicht von außen wahrnehmen. Anhand nachfolgender beobachtbarer Handlungen kann man aber sehr wohl auf eine vorherige Kommunikation zurückschließen. Das heißt, eine Kommunikation zeigt sich in irgendeiner nachfolgenden Handlung. Und dann? Was geschieht dann mit der Kommunikation, geschieht überhaupt noch etwas im Zusammenhang mit ihr?

Man stelle sich vor, ein Herr X erwacht morgens im Bett, dreht sich zu seiner Frau herum, die sich sofort und erfreut erinnert, um wen es sich bei ihrem Bettnachbarn handelt. Der Mann knurrt wohlig etwas, das als »Guten Morgen« gedeutet werden könnte. Das weitere Geschehen ist bedeutsame Kommunikation und kommunikationswertige Handlung, soll uns hier aber wirklich nicht weiter interessieren. Eine Stunde später trifft der Mann im Aufzug einen entfernt bekannten Hausbewohner und wechselt mit dieser Person ein »Guten Morgen.« Wieder einige Zeit später erreicht der Mann das Büro. Sein Kollege, mit dem er seit mehreren Jahren zusammenarbeitet, verläßt gerade den Raum, und sie sagen noch rasch mit kurzer Armberührung »Guten Morgen.« Nun haben wir dreimal die gleiche verbale Kommunikation, zumindest als engen Ausschnitt genommen. Und jeder dieser Ausschnitte verschwindet sofort wieder mit den zugehörigen Schallwellen. In allen drei Fällen hat das »Guten Morgen« aber eine kleine Wirkung für nachfolgende Handlungen, und diese Wirkung ist immer größer als Null. In allen drei Fällen ist das »Guten Morgen« ein Kommunikationsglied in einer mehr oder weniger langen Folge von Kommunikationen, und alle drei Folgen unterscheiden sich qualitativ und bilden drei unterschiedliche ›Dinge‹, die ich zunächst abstrakt und vorsichtig je als ›Etwas‹ bezeichne. Jedes Etwas färbte gewissermaßen die Grußworte eigentümlich und wurde von dem Gruß wiederum weitergestaltet. Man könnte nun jedes einzelne Etwas anhand der Örtlichkeiten identifizieren und unterscheiden – Schlafzimmer, Fahrstuhl, Büro. Aber dann könnte es einem passieren, daß Herr und Frau X dieser Unterscheidung lebhaft widersprechen würden, weil sie vielleicht mit allen drei Örtlichkeiten durchaus ähnliche Kommunikationserfahrungen verbinden. Und so könnten noch alle möglichen Äußerlichkeiten der Dingwelt durchprobiert werden, nie würde man *zuverlässige* Kriterien finden, um das jeweilige, durch Kommunikation entstandene Etwas zu identifizieren.

Mit dieser Überlegung stoßen wir darauf, daß es sich bei obigem ›Etwas‹ um etwas Immaterielles handeln muß, das aber nicht einfach mit der Kommunikation selbst identisch sein kann, weil diese ja immer gleich wieder verschwindet. Wir stoßen mit dieser Überlegung auf das, was wir als *Beziehung* bezeichnen. Die dreierlei »Guten Morgen« tauchten in drei verschiedenen sozialen Beziehungen auf. Diese Beziehungen können wir nun jeweils gut beschreiben und recht klar unterscheiden.

Mit einer Metapher können wir sagen, die Beziehung sei die Spur, die die Kommunikation hinterläßt[10] und die wiederum die Kommunikation erheblich mitbestimmt. Es gibt also schon seit langer Zeit einen speziellen Begriff für das unsichtbare Etwas – Beziehung – und wir haben nun auch eine Metapher: Spur der Kommunikation. Wir können bereits noch mehr über Beziehungen, also über die Spuren der Kommunikation sagen. Die Beziehung ist nicht die Kommunikation selbst, sondern etwas, das aus ihr entsteht, eine Art Zusammenfassung. Wenn wir über Beziehungen sprechen, fassen wir gewissermaßen die lange Folge von Einzelkommunikationen auf einer Metaebene zusammen, oder, wie im letzten Kapitel für Systemaufstellungen dargelegt, wir integrieren Kommunikation über die Zeit. Damit laufen zwei Argumentationsstränge zusammen. Eine konkrete Folge von Einzelkommunikationen bewirkt das Entstehen einer ganz bestimmten sozialen Beziehung mit einer eigenen Dynamik, die zwar von Personen gemacht wird, der sie dann aber auch unterworfen sind. Diese Beziehung, die Spur längerer Kommunikation, kann von Personen subjektiv wahrgenommen und beschrieben werden. Darüber hinaus gibt es

Verfahrensweisen, mit denen diese Beziehungen abgebildet werden können. Um mit der neuen Metapher zu sprechen, machen diese Verfahrensweisen die Spuren der Kommunikation auf verfahrensspezifische Weise sichtbar.

Die Ergebnisse der genannten Verfahren enthalten mehr als die Subjektivität einer einzelnen Person. Ganz klar kann man dies für alle Skalierungen feststellen, die ja immer das Produkt mehrerer Personen sind. Bei Systemaufstellungen ist das schwieriger, wie im nächsten Kapitel gezeigt wird. Insgesamt warne ich erneut davor, die vorgetragenen Thesen mit den Kategorien wahr/unwahr zu diskutieren. Es geht allein darum, ob eine These oder ein Begriff für den Umgang mit Kommunikation und Beziehungen hilfreich ist oder nicht. Meistenteils kommt man bei diesen Themen über mehr oder weniger begründbare und entsprechend überzeugende Spekulationen nicht hinaus.

6.13 Der Gewinn kommt aus dem Unbewußten

Wenn eine Person ihre Situation intuitiv aufstellt, weiß sie nicht, was genau sie da erzählt, und noch weniger weiß sie, was dabei herauskommen wird. Niemand weiß das vorher, sondern erst wenn sich Stellvertreter an den einzelnen Plätzen äußern, wird die Ausgangssituation (›die Problemaufstellung‹), die die Person aufstellte, für Betrachter der Aufstellung deutlich. Natürlich hat man als Beobachter vielleicht bestimmte Ahnungen, die auch gelegentlich von Stellvertretern bestätigt werden. (Es wäre wohl lohnend, dieses Phänomen, das mit dem Begriff ›soziale Empathie‹ bezeichnet werden kann, eingehender empirisch zu erforschen.) Aber Systemaufstellungen lassen sich nicht wie ein Schachspiel übersehen und vorhersagen, weil die bestimmende Logik offenbar nicht einer rein kognitiven Rationalität gehorcht, sondern hauptsächlich *nur durch eigenes Erleben in der Konstellation erschlossen werden kann.* Hinzu kommt, daß der Aufstellungsprozeß nach der Problemaufstellung überhaupt erst beginnt. Die Stellvertreter verändern die Konstellation, stellen sich in einem Wechsel von iterativen Schritten einmal da, einmal dort hin, bis schließlich alle zusammen zufrieden sind. Diesen Prozeß genauer vorherzusehen ist sehr unwahrscheinlich. Daraus folgt aber, daß wir es mit einem Prozeß zu tun haben, der vom Klienten aus gesehen mit etwas beginnt, das eher einem Freudschen Versprecher gleicht als einem rational angelegten Bericht. Das Unbewußte des Klienten ist ganz entscheidend am Start des Prozesses beteiligt, und dann hat der Klient keinen Einfluß mehr auf das weitere Geschehen.

Wir haben es also mit einem Prozeß zu tun, der sich auf einer transformierten Ebene vollzieht und nicht von dem, der berichtet, bewußt gesteuert werden kann, im Unterschied zu einem rein verbalen Bericht. Mehr noch, auch das Unbewußte kann das Verfahren kaum für subjektive Interessen instrumentalisieren. Es kann nur Anstöße liefern, ohne über die Möglichkeit zu einer genaueren Übersicht zu verfügen.

Was allerdings möglich ist und was man gelegentlich beobachten kann, sind Klienten, die aus einem inneren Streß heraus oder aus welchen Gründen auch immer nicht wagen, intuitiv aufzustellen, sondern bemüht irgend etwas in den Raum konstruieren. Mit Einfühlungsvermögen und Erfahrung bleibt dies einer Aufstellungsleitung wahrscheinlich nicht verborgen, und sie kann entweder dem Klienten helfen, in einen freieren mentalen Zustand zu gelangen, oder sie kann auch den Prozeß abbrechen. Die ›verkopfte‹ Konstellation enthält oft unmittelbare Hinweise, mit deren Hilfe man die Intervention auch für den Klienten nachvollziehbar machen kann.

Zusammenfassend bringe ich diese Aussage wie folgt ›auf den Punkt‹: Systemaufstellungen sind reichhaltiger und zuverlässiger als verbale Berichte, *weil* sie das Bewußte *und* das Unbewußte enthalten. Vermutlich ist die vorherrschende Beteiligung des Unbewußten an Systemaufstellungen gerade die Ressource, die für den Gewinn verantwortlich ist, den Klienten nach eigenem Empfinden zumeist aus der Methode ziehen.

Exkurs 44 – Unbewußte wissen mehr, man muß sie nur machen lassen

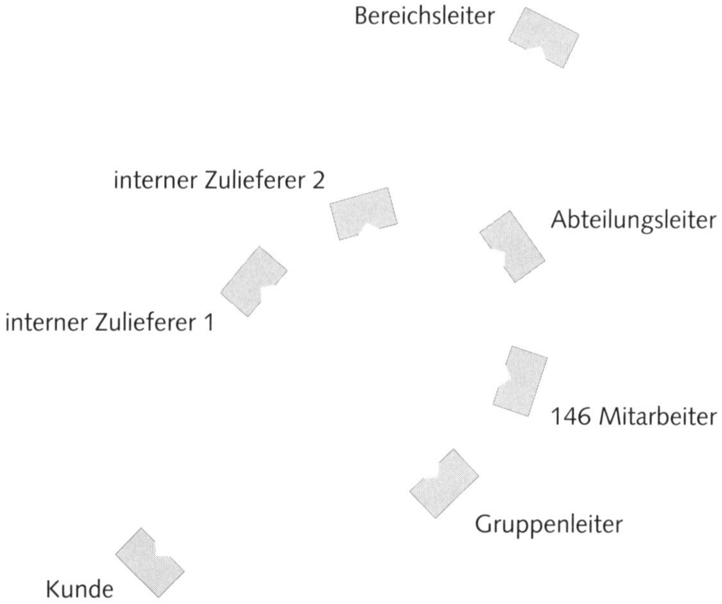

Greifen wir den im vorletzten Kapitel behandelten Fall erneut auf. Das Bild zeigt die Problemaufstellung, also die Konstellation, wie der Klient intuitiv das Beziehungsbild sieht. Schauen wir uns zunächst einige der repräsentierenden Wahrnehmungen der Stellvertreter im Beratungsprozeß an einzelnen Plätzen an.

(Bereichsleiter): »Ich fühl' mich nicht grad unwohl hier, aber was soll ich hier eigentlich, die tun so, als bräuchten sie mich nicht ...«

(Abteilungsleiter): »Gut geht's mir hier, ich habe sie alle so schön um mich ... Aber der Bereichsleiter irritiert mich ... irritiert mich zunehmend, den hätt' ich lieber anders, näher ...«

(Gruppenleiter): »Ich fühl' mich nicht unwohl ... Aber als Leiter fühl ich mich hier nicht, ich bin Teilnehmer der Gruppe wie die anderen auch.«

(Mitarbeiter): »Na ja, mir geht's nicht schlecht, warm isses ... aber ich fühl auch was Unsicheres, ich merk', daß ich dauernd so hin und her pendle, mal da, mal dort hin, und wart' auf irgendwas, das ist 'ne Warteposition hier.«

(Dienstleister 2): »… mir fehlt Struktur hier, das alles ist ein loses Gebilde, es stört mich nicht, aber es ist auch nicht gut.«
(Kunde): »Das ist ja schon relativ harmonisch, aber wer ist mein Ansprechpartner? Ich seh' keinen, da ist kein Gegenüber.«

Man kann sich leicht vorstellen, daß diese Äußerungen vom Klienten so nicht ›geplant‹ sein können. Gleichwohl erklärte er anschließend, daß er das Geschehen als sehr zutreffend ansehe. In der Aufstellung tauchen also Inhalte auf, die der Klient vorher nicht wußte oder nicht in Worte fassen konnte, die er dann aber überrascht als zutreffend *wiedererkennt. Er muß es also vorher durchaus gewußt haben, unbewußt, sonst hätte er die Konstellation nicht genauso aufstellen oder ›formulieren‹ können.*

Die wohl bedeutendste Lebensleistung Sigmund Freuds wird gemeinhin in seiner Entdeckung des Unbewußten gesehen: »(Man kann) jederzeit die Erfahrung machen, daß es seelische Dinge im Menschen gibt, die er weiß, ohne zu wissen, daß er sie weiß« (Freud, Bd. 11, S. 99). Die Arbeit mit Träumen nannte er die Via regia, den Königsweg zum Unbewußten. Offenbar ist mit Systemaufstellungen ein zweiter ›Königsweg‹ entdeckt, und wir können ergänzen, oder einschränken, je nach Ansicht, daß Systemaufstellungen vornehmlich das ›soziale Unbewußte‹ enthalten und aufzeigen, also das unbewußte Wissen um Beziehungen.

Erfahrungsgemäß gibt eine Systemaufstellung keine fertigen Antworten. Sie liefert mehr oder weniger verklausulierte oder mehr oder weniger klare Metaphern oder eine Art von Gleichnissen. Nehmen wir als Beispiel den Bereichsleiter aus obigem Exkurs: »Aber was soll ich hier eigentlich?!«, oder einen Gruppenleiter: »Als Leiter fühl' ich mich hier nicht.« Daraus kann man in einer Hypothese den ungeschönten Kern eines vorhandenen Problems entwickeln. Im Laufe von mehreren Aufstellungen macht man die faszinierende Erfahrung, wie zielsicher man immer wieder zu den Dingen kommt, die für das jeweilige soziale System wirklich wichtig sind. Die Lösung, die man schließlich erhält, liegt dann ebenfalls in einer

Art Metapher oder Gleichnis vor, das über den Tag hinaus in die Zukunft weisen kann. Auch beim Aufnehmen und Verstehen der Lösung sind die Ratio *und* das Unbewußte angesprochen und gefordert. Damit ist zwar nicht garantiert, daß der Klient im Alltag bewußt und unbewußt, also mit voller Kraft, den neuen Weg einschlägt, aber es ist doch eine gute Wahrscheinlichkeit dafür geschaffen. Insbesondere bieten sich für einen unterstützenden Coaching-Prozeß gute Anhaltspunkte.

6.14 Die Eigendynamik von Aufstellung und Unternehmen

Bevor ich mit diesem Thema beginne, will ich zunächst darlegen, was ich unter ›Eigendynamik‹ verstehen möchte.

Wenn man eine Instrumentensaite zupft oder sonstwie anregt, schwingt sie auf eigentümliche Weise und erzeugt damit den ihr eigentümlichen Ton. Etwas anderes macht diese Saite nicht, nur diesen einen Ton. Man kann mit ihr nicht einfach machen, was man will. Man muß ihr Eigenleben verstehen und akzeptieren oder man wird scheitern. Will man einen anderen Ton haben, muß man eine andere Saite nehmen oder die Saite fachgerecht verändern (z. B. stimmen). Dieses Phänomen ist keineswegs auf Musikinstrumente beschränkt, vielmehr hat jedes Ding eine solche ›Eigenschwingung‹ oder ›Eigenfrequenz‹, eine Brücke beispielsweise. Vielleicht kennen Leser die Geschichte von der Brücke, die einstürzte, während ein großer Trupp Soldaten im Gleichschritt hinüber marschierte. Das Gewicht der Soldaten war aber an und für sich völlig unkritisch für die Konstruktion. Eigenschwingung heißt die Lösung dieses Rätsels. Die Soldaten stapften unglücklicherweise genau in der Frequenz der Eigenschwingung der Brücke, und diese schwang nun durch die rhythmische Anregung auf und ab wie eine Gitarrensaite, mit viel stärkeren Ausschlägen, als das bloße Gewicht der Personen sie je hätte verursachen können – ein Resonanzphänomen. Seit langem entspricht es nun der Vorschrift für Soldaten, Brücken »ohne Tritt« zu überqueren.

Auf diese Art von Eigendynamik trifft man häufig; daraus sind je nach Anwendungsfall wissenschaftliche Fachgebiete entstanden, Schwingungstechnik, Meß- und Regeltechnik oder auch die umfassendere Kybernetik. Der Grundgedanke ist immer der gleiche, nämlich daß einfache oder komplexe Dinge etwas an sich haben, das man Eigenbewegung oder Eigendynamik nennen kann. Man kann mit ihnen nicht machen, was man will, sondern sie machen selbst etwas, wenn man sie anregt. Daraus folgt, daß ein fachgerechter Umgang mit ihnen ein gewisses Verständnis ihrer Eigendynamik voraussetzt. Also muß man als erstes die Eigendynamik erkunden und verstehen lernen.

Auch in diesem Fall geht es mir bei der Analogiebildung nicht um eine Art von Beweisführung, was unzulässig wäre, sondern um die Denkfigur. Wenn man mit Systemaufstellungen arbeitet (oder spätestens dann), stellt man fest, daß sich soziale Systeme, zumindest in Systemaufstellungen, auch nicht beliebig verhalten, daß man mit ihnen nicht beliebig machen kann, was man will, sondern daß sie auf Interventionen eigentümliche Antworten geben, die ich im folgenden genauer untersuchen werde.

Der Entwicklungsprozeß auf der transformierten Ebene einer Systemaufstellung vollzieht sich mit subjektiven Wertungen der Stellvertreter, er vollzieht sich mit der Unterscheidung ›besser‹/›schlechter‹. Man startet mit einer bestimmten Konstellation, der Problemaufstellung, die von Stellvertretern zumeist als mehr oder weniger ungut erlebt wird, verändert die Geometrie, prüft nach jedem Schritt, ob eine Verbesserung oder Verschlechterung eingetreten ist, bis man eine End-Konstellation gefunden hat, für die jede weitere Änderung mit einem ›schlechter‹ durch die Stellvertreter beantwortet würde. Man kann diesen Vorgang so auffassen, als schwinge sich das Aufstellungssystem in den Lösungszustand ein, in die *Lösungsaufstellung*. Und regelmäßig kann man die Erfahrung machen, daß eine solche Konstellation existiert. (Eine Lösung gelingt nicht immer, aber auffallend oft.) Es ist nicht verwunderlich, daß Anwender dieser Konstellation die Bezeichnung Lösungsaufstellung gaben. Die Erfahrung zeigte ja, daß weitere Veränderungen immer mit einem ›schlechter‹ beantwortet wurden, also hatte man offensichtlich einen bestimmten Zustand gefunden, der sich von allen anderen durch seine positive Wertigkeit unterschied und auszeichnete.

Lange Zeit konnte man nicht genauer untersuchen und klären, was man da eigentlich genau gefunden hatte und ob das nicht vielleicht eine Eigenschaft des Zusammenspiels zwischen bestimmten individuellen Personen sein könnte, nämlich zwischen den konkreten Stellvertretern; folglich müßte es mit anderen Personen auch eine andere ›Lösung‹ geben. In dem Forschungsprojekt mit lebensgroßen Figuren gelang genau an diesem Punkt ein wichtiger nächster Schritt (vgl. Exkurs. 45). »Was im Versuch ein Meßergebnis ist, ist im realen Prozeß einer Systemaufstellung gerade ein Bewegungsschritt oder ein einzelnes Kommunikationselement, an das sich im realen Prozeß weitere anschließen (können). Wir untersuchten gewissermaßen den kleinsten sinnvoll isolierbaren Entwicklungsschritt einer Dynamik in Systemaufstellungen« (VS–S. 24).

Exkurs 45 – Ein galileischer Versuch in der Humanwissenschaft

In diesem Teil der Forschung geht es um die Frage: Ist die Bewegung von der Anfangsaufstellung zur Lösungsgeometrie von den beteiligten Individuen und damit vom Zufall abhängig?

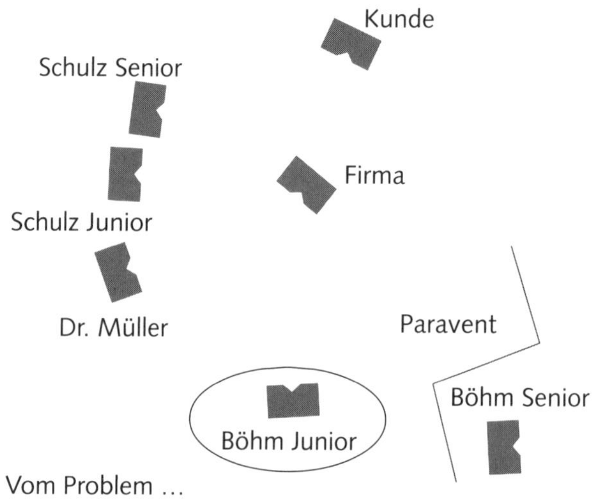

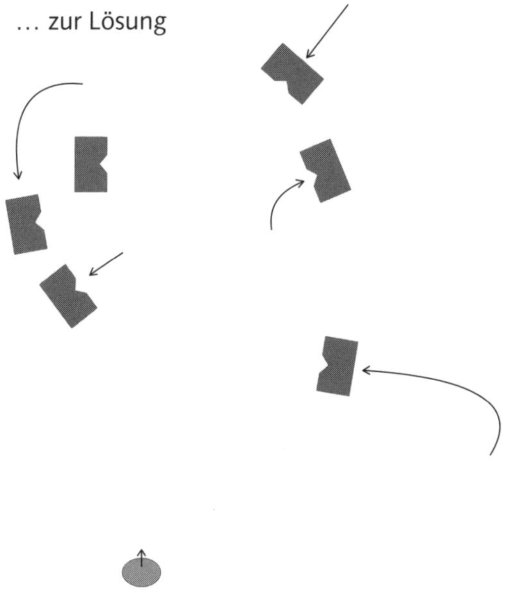
… zur Lösung

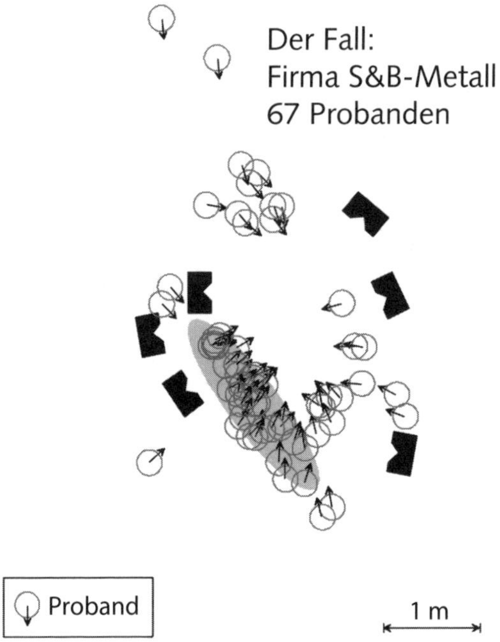
Der Fall:
Firma S&B-Metall
67 Probanden
Proband
1 m

Das Setting: Wieder ist die Konstellation mit lebensgroßen Figuren aufgebaut und nur eine Testperson steht allein darin, diesmal auf dem Platz von Böhm jun. (»Vom Problem …«). Dann tritt sie zurück und wartet, während alle anderen Figuren auf den ›Lösungsplatz‹ gestellt werden, wie er sich in der Beratung ergeben hatte (»… zur Lösung«). Nun wird die Testperson über Lautsprecher aufgefordert, sich einen Platz zu suchen, wo immer sie hinmöchte, sofern sie darin einen Sinn sieht. Die Versuchsleitung sitzt nach dem Umstellen der Figuren passiv mit geschlossenen Augen weitab und ruft nur bei Bedarf per Fernbedienung die wenigen Instruktionen ab. So waren die Testpersonen ohne jegliche Beeinflussung allein mit der Konstellation. Das Versuchsergebnis bestand schlicht aus den drei Koordinaten des gewählten Platzes (x, y, α). So wie Galilei seine Kugeln der gebauten Rinne und dann allein der Schwerkraft überließ und nur noch den Landepunkt vermaß, um seine These von den Fallgesetzen zu untersuchen, so werden hier Personen der Konstellation und ihrem Empfinden überlassen.

Das Ergebnis: Zwei Personen haben den Raum verlassen, wollten nach eigenen Angaben kein ›Böhm jun.‹ sein, 67 Personen wählten einen Platz in bezug auf die Konstellation und begründeten diese Wahl jeweils mit sozialen Argumenten. Niemand ging etwa ans Fenster oder dergleichen, vielmehr positionierten sich alle mit Blick auf das ›Zentrum‹ der Konstellation. Über 60 % wählten den in der Beratung gefundenen ›Lösungsplatz‹ oder dicht dabei. Über Koordinaten-Rechnungen erhält man wiederum eine Signifikanz mit einer Irrtumswahrscheinlichkeit < 0,1 %. Zufall und persönliche Eigenschaften muß man nun als Ursache zur Erklärung dieser Vorgänge ausschließen.

Die Forschungsergebnisse zeigen zweierlei. Unabhängig davon, welcher Platz von einer Testperson schließlich gewählt wurde, haben sich alle Testpersonen mit der Aufgabe, einen Platz zu wählen, mehr oder weniger stark identifiziert. Das erlaubt erneut die Schlußfolgerung, daß derartige Konstellationen Menschen nicht gleichgültig lassen. Solche Konstellationen bedeuten Menschen etwas, und zwar werden sie spontan im Sinne von konkreten sozialen Beziehungen gelesen. Der Sinn, der hineininterpretiert wird, ist hochsignifikant ähnlich. Zum zweiten – und das war ja der eigentliche Zweck dieser Versuche – zeigen die Ergebnisse, daß die entstehende Dynamik, also die Veränderungen der Geometrie, hauptsächlich nicht von Eigenschaften der beteiligten Personen abhängen, sondern von der Ausgangsgeometrie. Dieses Phänomen ist in Beratungssituationen noch ausgeprägter als im Versuch. Eine detaillierte Analyse der einzelnen Ergebnisse zeigt, daß die meisten abweichend gewählten Plätze in einer Beratungssituation kein Endzustand geblieben wären, und so heißt es im Forschungsbericht: »Versuchsperson 69 suchte eine ganz ähnliche Position auf, wobei sie nach unserer Einschätzung etwas zu nahe an ›Dr. Müller‹ herangekommen ist. Ihre Begründung zeugt durchaus davon, daß die Versuchsperson diesen Umstand spürt, sie zieht allerdings andere Schlußfolgerungen, als wir anraten würden: »... was ich nicht genau weiß, ist, wie ich mit dem Dr. Müller umgehen soll, ich stehe vor ihm, und das ist auch richtig so ...« Mit diesem Beispiel kann man zeigen, daß in einem Beratungsprozeß bestimmte Nuancen durchprobiert werden können. Auf diese Weise werden Schwächen einer Position systematisch aufgedeckt, und es können sich Korrekturen ergeben, die einer *einzelnen* Versuchsperson naturgemäß nicht möglich sind, weil sie auf sich allein angewiesen ist. Man stelle sich nur vor, die Figur ›Dr. Müller‹ ist durch eine natürliche Person ersetzt und diese bringt ihren Unmut darüber zum Ausdruck, daß Böhm jun. sich auf so ›störende‹ oder gar ›verärgernde‹ Weise vor ihm plaziert habe. Es ist sehr unwahrscheinlich, daß irgendeine natürliche Person in einer Systemaufstellung eine derartige Äußerung ignorieren würde. Erfahrungsgemäß kann das gleiche Korrekturergebnis auch erreicht werden, wenn man die Person für einen Moment auf den Platz von Dr. Müller führt und ihr dann den Böhm jun. ›vor die Nase setzt‹. *Man könnte solche Korrekturen als eine zentrierende Tendenz von realen Wechselwirkungen zwischen Personen erklären, die sich in einem realen Beratungsprozeß auch beabsichtigt abspielen und wesentlich zu einer Lösung beitragen.* Allen Versuchspersonen standen keinerlei derartige Wechselwirkungen als Korrekturfaktoren zur Verfügung, um so bemerkenswerter ist das Gesamtergebnis, das eine derart geringe Streuung aufweist« (VS–S. 169 f.).

Betrachten wir dieses Ergebnis noch einmal aus der Distanz. Da waren also 67[11] Personen mit 67 höchst unterschiedlichen Sozialisationen und 67 unterschiedlichen Charaktereigenschaften und Meinungen, aber in bezug auf die Lösung eines Beziehungsthemas in einem Unternehmen kommen sie, zumindest in einer Systemaufstellung, zu den gleichen oder doch zu ganz ähnlichen Schlußfolgerungen. Es gibt zwar eine Streuung, es gibt auch Abweichungen, aber in einem Ausmaß, das die Grundaussage nicht beeinträchtigen kann. Dieses Ergebnis ist in seinen Konsequenzen höchst bemerkenswert. Wenn man nämlich noch berücksichtigt, daß Systemaufstellungen erfahrungsgemäß eine hohe Übereinstimmung mit realen sozialen Systemen aufweisen, dann sind die möglichen Problemlösungen in Unternehmungen in einem beachtlichen Umfang offenbar von Individuen und deren Meinungen unabhängig, als gäbe es eine soziale Dynamik, der Personen unabhängig von ihrer Individualität gewissermaßen unterworfen sind. Sie können in einem sozialen System nicht einfach ›schalten und walten‹, wie es ihnen gerade beliebt, sondern das System entwickelt eine eigene Dynamik, die bestimmte Entscheidungen mit Effektivität und ›Rundlauf‹ belohnt und andere, ›falsche‹ Entscheidungen mit Verlust von Effektivität und mit Konflikten bestraft. Für ›Fehler‹ auf der Ebene der Kommunikationsbeziehungen muß das Unternehmen folglich einen Preis zahlen.

Jeder Kommunikationsbeitrag im Unternehmen kann als ein Interventionsakt aufgefaßt werden. Will man einen bestimmten Einfluß auf ein Unternehmen ausüben, dann muß man zunächst *dieses individuelle* Unternehmen möglichst gut verstehen, um gerade solche Dynamiken zu entwickeln und zu fördern, die in diesem System bereits angelegt und damit anschlußfähig sind. Man kann die ›Richtung‹ der Entwicklung des Unternehmens ändern, aber man kann das System nicht beliebig etwas anderes machen lassen. *Die reale Entwicklung wird gewollt oder ungewollt an dem anschließen, was im Unternehmen zumindest ansatzweise ohnehin schon geschieht.*

Nur solche Interventionen können nachhaltig erfolgreich sein, die vorhandene Entwicklungen aufgreifen oder vorhandene Entwicklungs*möglichkeiten hervor-rufen*. Die entscheidende Frage, mit der aller qualifizierter Umgang mit einem autopoietischen System beginnt, ist demnach die Frage, was das konkrete soziale System ohnehin macht, einerseits, und desweiteren, welche Anschlußmöglichkeiten sich darüberhinaus in den Personen offenbaren; denn letztlich müssen die Personen den neuen Beitrag als Prämisse ihrer weiteren Kommunikation verstehen, sie müssen ihn übernehmen können und wollen.

So ganz exotisch neu ist diese Anschauung nicht. Schließlich entspricht das einer zentralen These, wie sie Vordenker von Personal-, Organisations- und Unternehmensentwicklung seit langem vertreten. Aber bislang kam dieses Argument aus der ›Meinungsecke‹ kaum heraus. Das war eben nur eine Meinung unter vielen, und in betriebswirtschaftlichen Berechnungen war ein effektiver Nutzen in harten Zahlen kaum zu erbringen. Letzteres kann ich auch nicht leisten. Gleichwohl liefert die Forschung zu Systemaufstellungen gute Gründe, um in Unternehmen über die Sache noch einmal neu nachzudenken.

Wenn Unternehmen eine kommunikative Eigendynamik besitzen, die Kräfte hervorbringt, die von natürlichen Personen unabhängig sind, dann ist es höchst sinnvoll, diese Dynamik im eigenen Unternehmen früher und besser verstehen zu lernen als die Wettbewerber. Im Wettbewerb sind ja gerade die Zeiträume interessant, in denen sich etwas, beispielsweise die Wirkung einer neuen Theorie, erst schemenhaft zeigt und noch niemand *sicher* sagen kann, was sich daraus letztlich ergibt.

Zurück zu unmittelbaren Schlußfolgerungen aus Systemaufstellungen: Sie liefern Anhaltspunkte für die These, daß natürliche Personen, die ein soziales System erzeugen, dieses System nicht nach eigenem freien Willen gestalten können, sondern daß dieses Produkt unvermeidlich ein Eigenleben führt. Zweifellos wird dieses System auch von den persönlichen Eigenheiten der ›Produzenten‹ geprägt sein. Wenn wir ausdrücklich weniger statisch formulieren, können wir sagen, das soziale System wird natürlich von den persönlichen Eigenheiten der ›Produzenten‹ bewegt, *aber sie beherrschen nicht nur ihr Produkt – ihre Kommunikation nämlich –, sondern sie werden genauso von ihm beherrscht.*

Immerhin läßt das eben Gesagte darauf schließen, daß persönliche Eigenheiten in sozialen Systemen durchaus bedeutsam sind und somit natürlich auch für Systemaufstellungen. In Folge werden im Prozeß rund um eine Systemaufstellung die persönlichen Eigenheiten insbesondere der Klienten ebenfalls virulent und zum Thema erhoben. Spätestens wenn es darum geht, die Lehren aus dem Aufstellungsprozeß zu ziehen und erste Vorstellungen zu entwickeln, wie diese in den jeweiligen Alltag übersetzt werden können, zeigen sich nicht nur persönliche Eigenheiten, sondern sie können auch hervorragend Gegenstand einer wohlwollend kritischen (Selbst-)Reflexion werden. Letztlich trennt sich genau in diesem anschließenden psychischen Prozeß die ›Spreu vom Weizen‹. Diese Metapher kann man ruhig mit einer gewissen Wertung so stehen lassen; denn wenn eine Person eine Systemaufstellung durchführt, den Ergebnissen zustimmt und auch den Konsequenzen, und wenn sie mit diesen Voraussetzungen anschließend die Umsetzung scheut, dann ist entweder im Aufstellungsprozeß doch etwas unzureichend abgelaufen, oder aber wir sind zusätzlich auf ein persönliches Problem der aufstellenden Person gestoßen. Diese individuelle Schwierigkeit sollte dann wenigstens deutlich werden, als eine weitere Chance, auch für diese Aufgabe eine Lösung zu finden. Hier kommt der beratenden Person als menschlichem Katalysator eine wichtige Aufgabe zu.

Die Macht des Alltags, die Macht der *alten* Bilder darf nicht unterschätzt werden. Systemaufstellungen sind kein ›Stein der Weisen‹ und kein Zauberinstrument. Auch sind die Lösungswege häufig kein ›Sonntagsspaziergang‹, sondern erfordern, daß eine Person einige alte und ›liebe‹ Gewohnheiten zurückläßt. (Das gilt für die aufstellende Person wie auch für alle anderen Personen des Systems.) Da mag die Lösung noch so deutlich in der Summe einen wertvollen Gewinn versprechen – was tun, wenn die Person darum durchaus schon immer (unbewußt) wußte, aber aus sich heraus, aus welchen Gründen auch immer, einen Zustand ohne diese Problemlast scheute? Dies ist ein zutiefst menschlicher Vorgang, über den keine natürliche Person erhaben ist – die Macht der Gewohnheit –, es ist nur die Frage, wie man lernt, damit umzugehen.

Strenggenommen haben wir in unseren letzten Ausführungen einen Systemwechsel vollzogen. Von der Betrachtung eines Kommunikationssystems zwischen Personen sind wir mit einer Grenzüberschreitung in die Psyche einer Person übergewechselt. Damit befinden wir uns in einem anderen System. Solche Grenzüberschreitungen sind unvermeidlich, wenn man mit Menschen arbeitet. Ich hatte zwar zu Beginn dieses Kapitels nicht ausdrücklich darauf hingewiesen, aber natürlich entstehen Systemaufstellungen nur mit solchen Grenzüberschreitungen. So wurde festgestellt, daß ein Klient sein Beziehungssystem gemäß seiner Intuition aufstellt, und diese Intuition kann nur etwas Innerpsychisches sein. Folglich startet eine Aufstellung unvermeidlich mit einer Überschreitung der Grenze von innen (Psyche) nach außen (Unternehmung). Und umgekehrt: Wenn während und am Ende einer Aufstellung keine Grenzüberschreitungen von außen nach innen in den Klienten hinein stattfinden, wenn die Grenze zu seiner Psyche nicht überschritten wird und keine Veränderung der Gedanken- und Empfindungswelt des Klienten eintritt, dann hätte man sich den ganzen Aufwand sparen können. Mit dieser Überlegung wird klar, daß bei einer Systemaufstellung im günstigen Fall immer auch die innerpsychische Dynamik der Klienten direkt oder indirekt Thema wird. Eine Aufstellung ist somit ein Verfahren, bei dem immer wieder zutiefst persönliche Angelegenheiten auftauchen und eine achtsame Behandlung verlangen. Der nächste Abschnitt untersucht eine wichtige Voraussetzung für solch eine gute Behandlung in Systemaufstellungen, und von deren Mißachtung.

6.15 Ein Kunstfehler und wie man ihn vermeidet

Viele Moderatoren ziehen als Stellvertreter der Einfachheit halber nicht Unbeteiligte heran, sondern Personen aus dem jeweiligen Unternehmen. Damit werden die Voraussetzungen der Methode untergraben, wie sie ausdrücklich auch in der genannten wissenschaftlichen Studie entwikkelt werden konnten. Das Geschehen und die Resultate der Aufstellung sind dann kaum mehr Ergebnis ›repräsentierender Wahrnehmung‹ der räumlichen Konstellation. Dies wird sofort verständlich, wenn man sich vor Augen hält, daß man Systemaufstellungen nicht rein rational wie etwa ein Schachspiel aufstellen und interpretieren kann. Wenn eine Person ihre Beziehungssituation aufstellt und Stellvertreter diese Situation interpretieren, dann ist beidemale ganz entscheidend das jeweilige Unterbewußtsein beteiligt. Das Unterbewußte ist ja gerade die Ressource, die durch Systemaufstellungen zusätzlich genutzt wird. Kann aber das Bewußtsein oder gar das Unterbewußtsein von Mitarbeitern desselben Unternehmens gegenüber einer dargestellten Beziehungssituation aus demselben Unternehmen je unbefangen und unparteiisch sein? Niemand wird das ernsthaft behaupten wollen.

Eigentlich ist der Sachverhalt einfach und klar. In den räumlichen Konstellationen stehen nicht die realen Personen, sondern *unbefangene Stellvertreter*. Schließlich sollen diese Repräsentanten ja ihre intuitive Wahrnehmung *unparteiisch* einbringen, beispielsweise zur Lösung eines Konflikts zwischen Mitarbeitern. Ganz genau so verfährt man auch schon immer bei Familienaufstellungen. Dort wird im Regelfall nicht zugelassen, daß ein Familenmitglied stellvertretend andere Mitglieder derselben Familie repräsentiert. Der Grund dafür: natürlich Befangenheit.

Ein zweiter kritischer Punkt ist die speziell in Unternehmen erforderliche Diskretion. Im Rahmen von Systemaufstellungen kommt sehr Persönliches zur Sprache, und es werden auch (vielleicht zunächst) unliebsame Einsichten thematisiert. Dies erfordert Respekt und verbietet eine ungeschützte Behandlung in der Öffentlichkeit des Unternehmens. Was für den einzelnen Klienten einen wertvollen Impuls für seine Weiterentwicklung bedeutet, *kann* vor ›versammelter Mannschaft‹ eine ungute Dynamik auslösen. Daß bislang noch keine größeren ›Unfälle‹ Aufsehen erregten, *kann* eine solche Praxis nicht rechtfertigen. Man *kann* es nämlich heute schon besser wissen und besser machen.

Den beschriebenen Kunstfehler kann man in mehreren Varianten zuverlässig vermeiden, in der ersten Variante optimal und zuverlässig, in den weiteren mehr oder weniger auch, aber verbunden mit verschiedenen Vor- und Nachteilen:

1. Das Unternehmen arbeitet mit einem internen oder externen Berater, der über geeignet konzipierte lebensgroße Figuren verfügt. Dann kann dieser bereits mit zwei Assistenten in einem ›geschützten Raum‹ einzeln mit Klienten fachgerecht und effektiv arbeiten. Der einzelne Klient behält mit diesem Vorgehen die volle Verantwortung und Kontrolle über das, was anschließend im Unternehmen öffentlich gemacht wird und was nicht.
2. Das Unternehmen beauftragt einen Berater, der Assistenten in genügender Anzahl mitbringt (10–15). Die Kosten dafür sind wahrscheinlich entsprechend.
3. Das Unternehmen schickt Mitarbeiter einzeln in Workshops mit Teilnehmern aus unterschiedlichen Unternehmen. Sofern das Unternehmen das Geheimhaltungsrisiko (Wettbewerber!) in Kauf nehmen kann, ist das eine gute Möglichkeit, die sehr große Unternehmen mitunter auch intern realisieren können. Behandlung und Nutzung von sehr persönlichen Themen sind aber auf diese Weise häufig nur suboptimal möglich.
4. Die Arbeit mit kleinen Figuren auf dem Tisch ist unkritisch. Dabei fallen nur Moderatorkosten an. Allerdings erhält man die Ergebnisse ohne repräsentierende Wahrnehmung im großen Bild, und man läuft Gefahr, sehr willkürlich zu konstruieren. Die Erfahrungsqualität ist auf diese Weise eben deutlich schwächer.
5. Die Arbeit mit so genannten Bodenankern (mit Stühlen oder auf den Boden gelegten Papptafeln oder ähnliches) ist schon eindrücklicher, aber auch hier wird viel Vorstellungskraft vorausgesetzt, und vor allem kann man genauso wie bei 4. nicht mit dem Lösungsbild richtig arbeiten. Schlüsselerlebnisse wie Gegenüberstellungen sind kaum zu realisieren.

6. Einen gewissen Persönlichkeitsschutz bieten auch die sogenannten verdeckten Aufstellungen, bei denen die Stellvertreter während des gesamten Prozesses ›offiziell‹ weder wissen, wen sie in der Aufstellung vertreten, noch um welches Thema es geht. Für Einzelfälle ist dies das Mittel der Wahl und wird heute häufig unabhängig vom Diskretionsthema angewendet (vgl. Sparrer, Varga von Kibéd). Es scheint aber fraglich, ob damit immer zuverlässig Diskretion gewahrt werden kann, denn niemand kann ausschließen, daß Stellvertreter aus dem Unternehmen ahnen, wer und was gemeint ist, oder zumindest glauben es zu wissen. Bei dieser Aufstellungsform ist in besonderer Weise die sensible Kompetenz der Aufstellungsleitung gefragt, die den Erfolg des Vorgehens gewährleisten kann.
7. Neben Aufstellungen von sozialen Systemen haben insbesondere Sparrer und Varga von Kibéd sogenannte ›Strukturaufstellungen‹[12] entwickelt, in denen mit ortsfesten Positionen gearbeitet wird. Je nach Problemstellung und Durchführung ist Diskretion hier kein kritisches Thema. Auf diese Weise können insbesondere auch Sachthemen bearbeitet werden, die man nicht gut auf soziale Beziehungen reduzieren kann (für nähere Erläuterungen verweise ich auf die beiden Autoren dieser Variante von Aufstellungen).

Nachdem ausführlich die Wertung als ›Kunstfehler‹ begründet wurde, muß ich noch ergänzen, daß es ab und zu Situationen gibt, Ausnahmefälle, in denen es sinnvoll und angeraten ist, den genannten Kunstfehler absichtsvoll zu begehen. Stellen wir uns ein Team vor, in dem ein bestimmter Konflikt bereits auf eine Weise offen ausgebrochen ist, daß diesbezüglich kein weiteres ›Porzellan zerschlagen‹ werden kann. Dann mag es hilfreich sein, diese soziale Realität offen im Team zu behandeln, z.B. mittels einer Systemaufstellung aus dem Stegreif unter Beteiligung aller Anwesenden.

7 Führen oder Nicht-Führen …

In den bisherigen Ausführungen habe ich immer wieder von ›Führung‹ gesprochen, ohne genauer darauf einzugehen, was darunter zu verstehen ist. Nun werde ich das Phänomen *Führung* in einer Unternehmung genauer untersuchen, um insbesondere solche Aspekte zu ergänzen, die im umfangreich publizierten Diskurs zum Thema bislang nicht oder wenig beachtet werden.

7.1 Die letzte Entscheidung – Zugehörigkeit

In den folgenden Überlegungen wird hautpsächlich die innere Dynamik von Unternehmen oder der innere Beitrag für das Überleben einer Organisation betrachtet. Ich abstrahiere also für einen Moment davon, daß eine Unternehmung, wie immer effektiv sie in sich operiert, nur bei erfolgreichem Austausch mit der Umwelt gut überleben wird. Ein Wirtschaftsunternehmen, in dem mit Begeisterung und hocheffizient ein Produkt hergestellt wird, das niemand kaufen will, wird untergehen. So gesehen beschäftigen wir uns im folgenden mit notwendigen internen Bedingungen für eine erfolgreiche Unternehmensführung, aber nicht mit hinreichenden, falls es das unabhängig von Glück überhaupt gibt.

Die Aufgaben oder Funktionen von Führung in Unternehmen sind in der Literatur ausführlich und kontrovers beschrieben und diskutiert – mit einer einzigen Ausnahme. Die höchste Entscheidungskompetenz im System, nämlich die Entscheidung über die Möglichkeit oder das Recht, überhaupt im System kommunizieren zu können oder zu dürfen, wird in den Publikationen, die für diese Arbeit gesichtet wurden, nicht behandelt. Oder genauer, über das Einstellen von Personen wird durchaus im Zusammenhang mit Führungskompetenzen diskutiert, nicht aber über Entlassungen. Das ist höchst bemerkenswert. Hier ist offenbar eine Tabuzone abgesteckt, die (unausgesprochen) zumindest von sehr vielen Autoren beachtet wird, die öffentlich über Unternehmensführung nachdenken.

Luhmann entwickelt als Ausgangspunkt seiner Theorie die Leit-Differenz zwischen System und Umwelt. Wenn dieses theoretische Konzept praktisch relevant sein soll, dann müßte es uns helfen, reales Geschehen begrifflich auf den Punkt zu bringen, also zu beschreiben und zu erklären. Und tatsächlich erhalten wir über diese Theorie die Organisierung und Bewahrung dieses Unterschieds oder die Abgrenzung des Systems von der Umwelt durch das System selbst als elementare Aufgabe der eigenen Aktivität des Systems. Und diese Aktivität erstreckt sich dann auch auf die Entscheidung über Entlassungen, *denn letztlich ist es die Entscheidungsfähigkeit darüber, welche Kommunikationen zum System dazugehören und welche nicht, die in letzter Instanz die Unternehmung konstituiert*, andernfalls löst sich das System auf und verschwindet buchstäblich in der Umwelt.

Diskutieren wir nun obige These anhand von Entscheidungen im Unternehmen. Angenommen, ein Unternehmen hätte nicht die Fähigkeit zur Unterscheidung und Ausgrenzung, was wäre dann von irgendeinem Entschluß zu halten? Tendenziell würden unabhängig vom Entschluß im System von den vielfältigen Möglichkeiten zuwiderlaufende Lösungen gewählt und in zuwiderlaufenden Richtung gearbeitet (vgl. Kontingenz). Das ist eine Frage der Wahrscheinlichkeit, und es würde mit der Zeit immer unwahrscheinlicher, daß Entscheidungen zustande kämen, die das gesamte System koordinieren. Nur dadurch, daß ein Entschluß mit einer folgenreichen Entscheidung gekoppelt werden kann – *Dieses Handeln gehört zu uns, das andere nicht* –, kann ein Entschluß nachhaltig in Umsetzungen münden.

Exkurs 46 – Wenn es ›zum Schwur kommt‹

Zu verschiedenen Gelegenheiten hatte ich bereits den Nutzen von *offen kommunizierter* Ambivalenz im Unternehmen herausgearbeitet, um sich auf komplexe Umweltentwicklungen immer wieder neu einstellen zu können. Flexibilität, hier im Sinne der Möglichkeit, sich weiterzuentwickeln, setzt unterschiedliche Tendenzen im Unternehmen voraus. Dies soll aber nicht darüber hinwegtäuschen, daß sich Entscheidungen letztlich nicht in Köpfen, sondern in beobachtbarem, beschlußkonformem Handeln realisieren.

Nicht selten werden in Unternehmen über bestimmte Vorhaben offiziell Entscheidungen getroffen, ohne daß die notwendigen Voraussetzungen für die Umsetzung mit bedacht und beschlossen werden (etwa bezüglich der Kapazität). Dies verhilft ungewollt einer anderen, verhängnisvollen Entscheidung zum Durchbruch, nämlich der Entscheidung, daß ausdrückliche Entscheidungen des Unternehmens nicht zu Ende gedacht werden, und zwar möglichst ohne zuspitzend darüber zu reden. Der Kommunikationsprozeß im Unternehmen gewöhnt sich daran, eigene Entscheidungen achtlos zu behandeln, und so läuft parallel gewissermaßen ein kommunikatives Trainingsprogramm mit dem ›Lernziel‹, manche Entscheidungen möglichst reibungslos einfach nicht umzusetzen. Diese Art Mischung von explizit klarer Entscheidung und faktischer, aber nicht offen kommunizierter Ambivalenz ist einerseits nicht ganz zu vermeiden, wird aber ab einem gewissen Ausmaß sehr riskant. Wenn ein Unternehmen sich für erklärtermaßen wichtige Themen an eine derartige Inkonsequenz *gewöhnt*, verliert es generell und auf unkontrollierbare Weise seine Entscheidungskraft.

Eine Unternehmung, die zur Unterscheidung über Zugehörigkeit nicht fähig ist, ist tendenziell konturlos, und ihre Aktionen sind nur noch zufällig koordiniert, mit weitreichenden Folgen. So wäre die Unternehmung als Versorgungsquelle (›Brötchengeber‹) beliebig anschlußfähig und würde durch zunehmend beliebige Kommunikationen und Handlungen ihre Fähigkeiten als Versorgungsquelle wahrscheinlich bald verlieren. Für Unternehmen kommt man zu der klaren Feststellung, daß sich das System in die Lage versetzen muß, systematisch abweichende Kommunikationen und entsprechende Handlungen auszugrenzen.

Entlassungen sind gemäß der vorgetragenen Theorie nichts anderes als der personifizierte Ausschluß von bestimmten Kommunikationen im Unternehmen (die sogenannten betriebsbedingten Kündigungen können nicht in gleicher Weise behandelt werden). Als Konsequenz des oben Gesagten können wir weiter analysieren, daß ein solcher Ausschluß dann und nur dann Sinn macht und das gewünschte Ziel erreicht wird, wenn die schädlichen Kommunikationen tatsächlich nur mit einer bestimmten Person verbunden sind und mit dieser Person dann auch verschwinden.

Nun könnte man einwenden, die Koordinierung kann doch durch Überzeugen der Personen auch freiwillig ohne Ausschlußdrohung realisiert werden. Dazu ist zu sagen, daß in autopoietischen Unternehmungen (wie Menschen sie entstehen lassen) Freiwilligkeit ohnehin vorherrscht – tendenziell. Selbst in sozialen Systemen, die weitestgehend auf einem Gewaltverhältnis beruhen, kann diese Tendenz nie vollständig ausgelöscht werden. Jedes Wirtschaftsunternehmen besteht aus einem fragilen Prozeß *selbstbestimmter Unterordnung* von Menschen unter das soziale System. Und dabei ist die Fähigkeit, bei Bedarf ausgrenzen zu können ein starkes oder überzeugendes Argument, um reale Ausgrenzungen eher unnötig zu machen. Zudem gibt es ja auch abgestufte Möglichkeiten der Ausgrenzung, wie etwa die Sanktion in Form einer Versetzung in ein anderes Subsystem des Unternehmens. Im übrigen ist es für alle Beteiligten ungut und nicht selten buchstäblich ungesund, insbesondere für das vermeintliche ›Opfer‹, wenn ein starker Konflikt chronisch aufrechterhalten wird.

Die Fähigkeit zu überzeugen mag für ein Unternehmen das bevorzugte Mittel sein, aber verbunden mit dem Verbot von Ausschlußsanktionen verliert ein System tendenziell seine Immunkraft.

Kehren wir rekursiv erneut zum Ausgangspunkt zurück. Jedes soziale System organisiert auf irgendeine Weise den Leit-Unterschied zugehörig/nicht-zugehörig, und nur so entsteht es überhaupt und kann existieren. Hier treffen wir wie gesagt auf die Luhmannsche Leitdifferenz System/Umwelt. Damit ist noch keineswegs zwingend verbunden, daß diese Entscheidungsfähigkeit in der Kommunikation einer bestimmten Person (z.B. dem jeweiligen Boß) zugeschrieben wird. Damit ist nur verbunden, daß die Entscheidungsfähigkeit bei Bedarf realisiert werden kann, durch welche Kommunikationen auch immer.

Das Problem der Zusammengehörigkeit wird meist durch Personifizierung gelöst. Konkret heißt das nichts anderes, als daß durch die Festlegung: Die Person X gehört zum Unternehmen, gleichzeitig festgelegt ist, daß ihre Kommunikationen und kommunikationswertigen Handlungen zum Unternehmen dazu gehören, oder umgekehrt: Die Person Y gehört nicht (mehr) dazu. Es scheint so zu sein, daß bezüglich der Zusammengehörigkeit nur in seltenen Fällen eine nicht personifizierende Lösung möglich ist.

Exkurs 47 – Linux ist systemisch gesehen kein Wunder

»Linux wurde von Anfang an unter die GPL, die General Public License gestellt. Diese Lizenz garantiert jedem den kostenlosen Zugang zum Quellcode des Linux Betriebssystems. Linux kann frei und kostenlos verteilt, eingesetzt und erweitert werden.« (vgl. www.linux.de)

Linux ist anders als alle Unternehmen, die wir bisher hier diskutierten. Linux wurde zwar von einer Person initiiert, lebt nun aber ausschließlich durch Kommunikationsbeiträge, die unabhängig von der Zugehörigkeit von Personen in das soziale System einfließen. Linux ist gewissermaßen der lebendige Beweis dafür, daß Unternehmen nur aus etwas bestehen, das sich zwischen Personen entwickeln kann, nämlich aus einem Gewebe aus Kommunikationsbeiträgen, die aufgegriffen und weiterverwendet werden. Ein internationales Gremium stellt die Qualität neuer Module sicher, die integriert werden. Es gibt also eine personifizierte Entscheidungsmacht über die Zugehörigkeit von Kommunikationsbeiträgen. Die Zugehörigkeit der Beiträge wird aber nicht an eine

Zugehörigkeit von Personen gekoppelt. Es gibt keine Arbeitsverträge, keine Aufsicht über Personen und keine Gehälter oder Prämien. Als Motivation genügt der Ärger über das Produkt eines Monopolisten sowie die Freude an intelligenter Software-Entwicklung. Die gemeinsame Idee genügt. Linux ist eine Art permanentes Waterloo für das Konzept einer mechanistisch verstandenen Betriebswirtschaftslehre. Linux soll hier aber nicht als verallgemeinerbares Vorbild für Unternehmen im gegenwärtigen Jahrhundert verstanden werden, sondern dient für eine Grenzwertbetrachtung, um die humanen Kräfte in Organisationen in einer Reinkultur zeigen zu können. Die Moral von der Geschichte – Unternehmen sind humane Phänomene und bestehen wesentlich nur aus Kommunikation.

Auch die Theorie sozialer Systeme sagt uns aufklärend, daß es letztlich oder eigentlich bei der Entscheidung über Zugehörigkeit zu einer Unternehmung nicht um Personen geht, sondern um deren Kommunikationsbeiträge und Handlungen.

In Unternehmen ist in der Regel schriftlich festgelegt, wie die Entscheidung darüber, wessen Kommunikation dazu gehört, vorgenommen wird. Beispielsweise kann ein ›Führungshandbuch‹ existieren, in dem dann dem Inhalt nach Formulierungen auftauchen wie: ›Die Entscheidung über Einstellungen und Entlassungen liegt im Ermessen der jeweiligen Führungskraft in Absprache mit der Personalabteilung (4-Augen-Prinzip)‹. Auch im BVG gibt es eine entsprechende Regelung: »… Leitender Angestellter ist, wer nach Arbeitsvertrag und Stellung im Unternehmen oder im Betrieb 1. zur selbständigen Einstellung und Entlassung von im Betrieb oder in der Betriebsabteilung beschäftigten Arbeitnehmern berechtigt ist …«[1].

Die Führungskraft muß sich darüber im klaren sein, welche Machtrolle ihr vom System zugeschrieben wird. Sie kann *nicht individuell* darüber entscheiden, ob sie *diesen* Aspekt ihrer Karriere, ihre Machtrolle nämlich, annehmen will oder nicht. Wenn sie diese Rolle ablehnt und in ihrem Verhalten auch nicht zum Ausdruck bringt, hat sie sich dieser Machtrolle keineswegs entledigt, vielmehr kommuniziert sie dann

›machtvoll‹, daß das System momentan eine indifferente Führung installiert hat und daß es seine Aktionen ohne letzten Ernst vornimmt. So wird ein System geschaffen, das zur Beliebigkeit tendiert. Diese Tendenz unterscheidet sich deutlich von einer bewußten Ambivalenz, für die man im System mit dem ganzen Ernst der Zugehörigkeitsfrage eintritt.

7.2 Ohne Führung – ohne Effektivität

Die oben entwickelte Zugehörigkeit genügt aber begrifflich noch nicht, um eine Unternehmung in Abgrenzung zur Umwelt verständlich entstehen zu lassen. Das wäre zu einfach, zu statisch. Eine Unternehmung reproduziert sich permanent neu, oder diese Unternehmung fällt auseinander. Und die Zusammengehörigkeit kann nur in dem Maße reproduziert werden, wie in den Kommunikationen und Handlungen eine unternehmenseigene Funktionalität realisiert wird. Eine Unternehmung als eine kommunikative ›Strömung‹, die sich selbst steuert, muß eine gewisse Funktionalität aufweisen. Damit ist der wechselseitige Nutzen gemeint, der intern permanent gestiftet werden muß, um die Unternehmung intern und im (Waren-)Austausch mit der Umwelt immer wieder neu reproduzieren zu können. Damit erhalten wir eine zweite Unterscheidung, nämlich funktional/dysfunktional. Wenn wir uns das in einer Metapher bildlich vorstellen, so können wir sagen, wir haben als Zweites eine Unterscheidung vektoriell im Längsverlauf der ›Strömung‹ (also längs der Zeitachse), und zwar funktional/dysfunktional (oder passend/unpassend), die von zugehörig/nicht-zugehörig (bildlich: quer zur ›Strömung‹/Zeitachse) zwar unterschieden, aber nicht getrennt werden kann. Das soziale System, die Unternehmung, organisiert sich also auch, indem sie ein bestimmtes Zusammenwirken oder eine bestimmte Funktionalität ihrer Einzelaktionen organisiert.

Die Differenz funktional/dysfunktional betrifft unmittelbar *die Funktion* von Führung in der Unternehmung. Führung wird gerade in dieser Unterscheidung hergestellt, nämlich indem klar kommuniziert ist, was als funktional angesehen wird. Führung erweist sich darin, daß bestimmte Kommunikationen und Handlungen durchgängig dominieren, und zwar *unabhängig davon, ob Führung personifiziert wird oder nicht.* Diese Funktion ist elementar, mit ihr verschwindet nicht nur die Führung (als Funktion), sondern wiederum die Unternehmung überhaupt – sagt zumindest diese Theorie.

Wir haben somit die zwei zentralen Momente herausgearbeitet, um eine Unternehmung entstehen und überleben zu lassen, zum einen die Zusammengehörigkeit in Unterscheidung und Abgrenzung von der Umwelt, und zum zweiten die Funktionalität und Effektivität, also den Nutzen der Kommunikationen und Handlungen für die Existenz des Systems.

Das Problem der Zugehörigkeit von Kommunikationsbeiträgen läßt sich, wie wir gesehen haben, mit einer Personifizierung als Vereinfachung ganz gut lösen. Demgegenüber kann das Problem Funktionalität/Dysfunktionalität durch Personifizierung allein nicht hinreichend gelöst werden. Vielmehr muß die Unternehmung quasi zusätzlich und vor allem intern verständlich kommunizieren, welche Handlungen und Kommunikationen als funktional angesehen werden und welche nicht. Die Festlegung: Wenn *der* das sagt, dann ist das unbesehen zu übernehmen (»Sie sollen nicht denken sondern gehorchen!«) – diese Festlegung entspricht einer linearen Beziehung von Befehl und Gehorsam, die heute nur noch in Sonderfällen anschlußfähig ist, wie etwa beim Militär, aber auch das nur mit weitgehenden Einschränkungen. Das Problem muß also anders gelöst werden. Erneut stoßen wir auf die Notwendigkeit, die dynamische Folge von Einzelkommunikationen und Handlungen mit einer überzeugenden und richtunggebenden Strategie gebündelt entstehen zu lassen.

In einem gut geführten Unternehmen ist Klarheit und Sicherheit spürbar, welche Kommunikationen dazugehören und auch wie sie geartet sein müssen, um dazuzugehören und um zusammenzupassen. Ein gut geführtes Unternehmen hat eine klare Identität mit einer hohen Identifikationskraft für mitarbeitende Personen – und umgekehrt.

Beide Momente, die Zusammengehörigkeit und die Funktionalität, können wir als Geschlossenheit zusammenfassen. Damit wurde das zusammengetragen, was ich hier mit dem Begriff ›Führung‹ bezeichne und *ein strategisches Bündnis zwischen Personen* benennt. Oder anders gesagt: Damit haben wir die beiden Momente formuliert, mit deren Hilfe wir unterscheiden können, ob ein Unternehmen geschlossen geführt wird oder führungslos ist, und zwar unabhängig von Führungspersonen.

Nun setze ich die Erörterung mit der Behauptung fort, daß soziale Systeme dazu tendieren, das Problem ihrer Führung ebenfalls mittels Personifizierungen zu bewältigen. Weiter kann man feststellen: Völlig unabhängig davon, *wie* eine personalisierte Führung im System realisiert wird, z. B. eher autoritär oder partnerschaftlich, in jedem Fall ist Führung mit dem Anspruch versehen, eine bestimmte Geschlossenheit (nämlich Zugehörigkeit und Funktionalität) herzustellen und darauf aufbauend auch über Zugehörigkeit zu entscheiden, also den Unterschied System/Umwelt aufrechtzuerhalten.

Um erfolgreich zu überleben, muß das System die Unterscheidung funktional/dysfunktional (im Sinne des Systems) in seinen Aktionen bewältigen: Es läßt sich also unternehmensweit von Funktionalität leiten. Wir haben es hier gewissermaßen mit einer natürlichen Aufgabe zu tun, die unvermeidlich und permanent aus dem System geboren wird. Die Personifizierung von Führung vereinfacht dieses Problem erheblich. Ab einer gewissen Größe oder Komplexität des sozialen Systems kann es sich selbst, seine eigenen Kommunikationen, nicht mehr nachhaltig in vollständig anarchischer Freiheit zu einem einheitlichen Strom zusammenführen, oder genauer gesagt: Diese Zusammenführung wird ohne personifizierte Führungsfunktion nicht unmöglich, aber schlicht unwahrscheinlicher (Selbst Linux hat ein personifiziertes Entscheidungsgremium installiert). Sobald einer Person(-engruppe) die Führungsrolle zugewiesen ist, ist redundant klar, welche Kommunikationselemente maßgebend oder richtungsweisend sind. Sie müssen inhaltlich mit der internen Strategie übereinstimmen und/oder von der Führungsperson ausgesprochen sein. Diese Redundanz schafft Sicherheit, und der Unternehmensprozeß funktioniert wahrscheinlich auch in Momenten, in denen die Inhalte zeitweise keine hinreichende Klarheit schaffen oder wenn die Führungsfähigkeit einer Person Aussetzer aufweist.

Oben wurde Führung als ein Phänomen herausgearbeitet, das sich aus zwei grundlegenden Momenten im kommunikativen Gewebe zusammensetzt. Die Führung eines Teams oder Unternehmens zeigt sich daran, wie einheitlich und zielgerichtet seine Einzelaktionen in ihrer Gesamtheit ausgerichtet sind. Geführtheit oder Geschlossenheit eines Teams erkennt man dem Wesen nach also nicht im Blick auf eine Führungsperson, sondern im Blick auf die Kommunikationen und Handlungen des gesamten Teams. *Führung ist demnach vor allem etwas, das zwischen Personen stattfindet. Führung ist kein persönliches, sondern ein kommunikatives Phänomen zwischen Personen.*

Exkurs 48 – Nur gemeinsam denken wir unternehmerisch

Immer mehr Autoren vertreten die These, ein Unternehmen müsse sich dahin entwickeln, daß die Mitarbeiter selbst unternehmerisch denken und handeln, und nicht nur die obersten Führungskräfte. Was kann mit ›unternehmerisch‹ denken gemeint sein, wenn wir die Frage systemisch angehen? Jedenfalls löst sich der Begriff ›unternehmerisch‹ schon ein wenig von der gedanklichen Orientierung auf die Interessen von Personen aus der inneren Umwelt des Unternehmens, und seien es Eigentümer. Diesen Anspruch kann man mit dem systemischen Konzept gut aufgreifen. Unternehmerisch denken heißt, seine persönlichen Kommunikationsbeiträge und Handlungen an dem auszurichten, was dem Gemeinsamen *zwischen* den Personen dient. In diesem Sinn denkt unternehmerisch, wer versteht, daß er mit seinen Aktivitäten an etwas Gemeinsamen teilnimmt, das nur gemeinsam zustande kommt. Das spezifisch Gemeinsame aller Beteiligten (im Zusammenhang mit dem Unternehmen) ist ja gerade das Unternehmen selbst als kommunikatives Produkt aller, und diesem Gemeinsamen in optimaler Kooperation mit den äußeren und inneren Umwelten gebührt die höchste Priorität im Unternehmen. Damit steht und fällt unternehmerisches Denken und Handeln.

Wenn man seine eigenen Kommunikationen und Handlungen innerhalb des Unternehmens am Lebensinteresse des Gemeinsamen ausrichtet, dann denkt und handelt man vom Unternehmen aus und schwingt sich dadurch in gewisser Hinsicht selbst zum Unternehmer auf. Dies gilt insbesondere, weil und insofern man die Strategie des Unternehmens in komplexen Aufgabenstellungen selbst permanent und kreativ umsetzen muß.
Dieser Gedankengang koppelt die Bewertung ›unternehmerisch‹ an ein Unternehmen und nicht an Personen, etwa an Eigentümer oder andere Funktionsträger, auch nicht an ein abstraktes allgemeines Unternehmertum, sondern an das bestimmte gemeinsam erzeugte Gemeinwesen – an die *eine* Unternehmung. Dies ist eine Bewertung, der dann auch die Führungsebenen unterliegen, und zwar in besonderem Maße, weil sie ja die Führungsfunktion im Interesse des Gemeinsamen unternehmensweit gewährleisten sollen. Oder zugespitzt formuliert: Nicht was den Führungspersonen, Shareholdern oder sonst jemandem dient, ist unternehmerisch zu nennen, sondern was dem Unternehmen als Ganzem dient. Der Mehrwert dieser Überlegung besteht nicht in fertigen oder gar einfachen Antworten, sondern er besteht in einem vielleicht neuen Ausgangspunkt, von dem aus zukunftsfähige Lösungen gefunden werden können.

Führungspersonen, die ihre kommunikative und letztlich unpersönliche Funktion nicht verstanden haben, erkennt man rasch. Das sind die, die mit einem lautstarken ›Mir nach!‹ davonstürmen und erst nach einer Weile verdutzt merken, daß sie mal wieder allein auf weiter Flur stehen. *Entweder eine Person repräsentiert tatsächlich die Funktion ›Führung‹ in der Kommunikation zwischen den Personen, oder sie ist (tendenziell) bis zur Lächerlichkeit vereinzelt.*

Sicherlich könnte diese Person mit vorgehaltener Pistole den eigenen Führungsanspruch weg von der eigenen Person in den entscheidenden zwischenmenschlichen Raum durch die Androhung von Gewalt verschieben, aber so etwas geht in einer starken zivilisierten Gesellschaft für die Person mit der Pistole meist übel aus.

Durchsetzungswille genügt für Einzelkämpfer, nicht aber für eine starke Führungspersönlichkeit, die wenigstens intuitiv verstehen muß, *wie* Durchsetzen in jedem Augenblick gelingen kann. Und das heißt nichts anderes, als daß eine Führungsperson mit ihren Botschaften und kommunikationswertigen Handlungen in der Lage sein muß, jederzeit eine hohe Anschlußfähigkeit im kommunikativen Gewebe zu realisieren – oder ganz einfach, sie muß überzeugen, und zwar ohne daß sie dafür besondere Machtmittel in Anspruch nimmt.

Exkurs 49 – Auch Charisma wirkt hervorragend

In der Einleitung hatte ich geschrieben: »… wollte ich hier ein Fußballbuch schreiben, müßte ich die spielentscheidende Bedeutung würdigen, die einzelne hervorragende Fußballer oder Fußballerinnen für eine Mannschaft haben können«. Diesen Gedanken will ich nun bezogen auf die Bedeutung von Führungspersönlichkeiten in Wirtschaftsunternehmen wenigstens skizzenhaft ausführen.

Im vorigen Kapitel wurden Verfahrensweisen der Reentry-Kommunikation als Weg zu hervorragenden Kommunikationsprozessen im Unternehmen entwikkelt. Dieser Weg bietet als personenunabhängiges Verfahren eine hohe Wahrscheinlichkeit oder Sicherheit, aber er ist nicht der einzig mögliche. Ähnliches gelingt mehr oder weniger auch einzelnen Persönlichkeiten. Ihnen gelingt es, mit verhältnismäßig kleinen Beiträgen in der gesamten Kommunikation eine große Unternehmung umfassend zu erreichen und in Bewegung zu setzen. Sie initiieren ein Kommunikationsgewebe, das eine eigensinnige Lebendigkeit und Geschlossenheit aufweist und Personen mit Begeisterung erfaßt. Hier stoßen wir auf Fähigkeiten, die wir genial nennen können. Niemand hat ein Rezept, wie genau man das macht oder wenigstens lernen könnte, aber die Wirkung ist zweifellos spürbar. Führen ist demnach eine Kunst. Alle Menschen können das – mehr oder weniger.

Um eine Unternehmung, die mit einer genialen Führungsperson ›gesegnet‹ ist, braucht man sich wenig Sorgen zu machen – solange diese Person da ist. Aber kein Unternehmen tut gut daran, allein darauf zu vertrauen, zumal die beschriebene Genialität recht selten vorkommt, während sich das Gros der hervorragenden Führungskräfte durch die Fähigkeit auszeichnen muß, sich der eigenen begrenzten Wirkung bewußt zu sein. Sie muß diese persönliche Grenze mit Hilfe anderer Personen und einer geeigneten Vorgehensweise überschreiten. Was letztlich zählt, ist die wie auch immer realisierte Führungsfunktion oder Geschlossenheit im Unternehmen. Sie entscheidet über den Erfolg im Wettbewerb – zumindest nach dem hier vorgetragenen Gedankengang.

Die Zuweisung der Führungsrolle muß nicht explizit geschehen, das gelingt auch auf ›informellem‹ Weg. Allerdings erhöht die explizite Form die Wahrscheinlichkeit, daß die Führung als Führung beobachtet und vom System auch entsprechend bewertet und kontrolliert werden kann. *Die Personifizierung von Führung ist so gesehen eine gute Bedingung für demokratische Tendenzen.*

Wir können also feststellen, daß die Komplexität von sozialen Systemen oder anders gesagt, die Komplexität von Kommunikation, zur Personifizierung der Führungsfunktion tendiert. Wenn man also generell etwas dagegen hat – und da mag es Gründe geben – dann muß man ununterbrochen etwas dagegen unternehmen, weil man diese Tendenz nicht loswerden kann, solange man sich überhaupt auf soziale Systeme einläßt. *Nur Eremiten haben kein Führungsproblem.*

7.3 Kleiner Praxistest

Diese theoretische Erörterung kann man praktisch erproben. Nehmen wir einen alltäglichen Fall: Die Geschäftsführung eines Unternehmens betritt den Raum (das Büro, Labor, etc.), in dem man sich selbst als irgendein Mitarbeiter befindet. Sobald dies geschieht, entsteht eine eigentümliche Atmosphäre, die jeder kennt, der je in einem Unternehmen gearbeitet hat. Diese Atmosphäre ist natürlich abhängig vom ›Betriebsklima‹ oder von der ›Philosophie‹ der Unternehmung, aber es stellt sich mit dem Erscheinen der Geschäftsführung tendenziell etwas ein, das vielleicht am besten mit ›Ehrfurcht‹ beschrieben werden kann. Und je nach dem, wie diese Unternehmung sich führt, wird die Seite der ›Ehre‹ überwiegen oder die der ›Furcht‹. Mit der Geschäftsführung betritt die Entscheidungsfähigkeit über die Zugehörigkeit zum System quasi leibhaftig den Raum. Diese Entscheidung wird auf einmal virulent. Die Geschäftsführung kann grundsätzlich nicht vermeiden, daß sich parallel mit jeder ihrer Handlungen und Äußerungen genau diese Entscheidung implizit ereignet – gehöre ich dazu oder nicht? Gehört der andere dazu oder nicht? – ganz einfach, weil sie sich tatsächlich ereignen *könnte*. Diese Entscheidung wird im Kommunikationsprozeß immer mitgelesen.

(Nebenbemerkung: Führungspersonen erleben ihr Dasein häufig als Einsamkeit – da ist diese Tendenz, die sie fortwährend von den anderen absondert und sie gewissermaßen rücksichtslos in eine eben besondere Rolle drängt. Das ist eine Rolle, die unpersönlich, unabhängig von der Person, dem Wesen nach nur der Unternehmung als Ganzem entspricht.)

Exkurs 50 – Sich nicht gemein machen?

Ein früherer Studienkollege, nennen wir ihn Dr. X, erzählte mir folgende Begebenheit aus seinen allerersten Tagen in einem globalen Konzern. Eine hohe Führungskraft führte ihn eines Tages im Rahmen des Traineeprogramms in die Fertigung. Dr. X war beeindruckt. Er hatte schon viel gesehen und in Praktika auch näher kennengelernt, aber noch keine Roboterfertigung auf solch hohem Niveau. Dann sah er eine Laser-Maschine, mit der er im Rahmen seiner Diplomarbeit schon zu tun gehabt hatte. Er trat näher heran, und als die beiden Facharbeiter ihre angeregte Sachdiskussion einladend unterbrachen, ging er fragend auf das Problem ein. Er kam nicht weit. Er fühlte sich wortlos am Ärmel gezogen. Die hohe Führungskraft führte ihn mit ernster Miene einfach weiter. Dr. X war ziemlich perplex, überlegte noch spontan, ob ihm da gerade etwas Unanständiges unterlaufen war, wofür man sich besser gleich entschuldigt, als er schon aufgeklärt wurde: »Hören Sie, machen Sie so etwas

nie wieder. Sie stellen hier keine Fragen. Nicht denen. Sie sind hier derjenige, der denen dort die Antworten gibt – klar?!«
Ob eine noch höhere Führungskraft sich später die hohe Führungskraft mit folgenden Worten ›zur Brust nahm‹ – »Hören Sie, machen Sie so etwas nie wieder. Jetzt fange ich nämlich langsam an zu verstehen, warum Sie bislang noch keine guten Antworten auf die Fragen unserer Fertigung geben konnten!« – das ist leider nicht überliefert, aber möglich wäre das durchaus.

Spannungen in der Unternehmung fördern sicherlich das Auftreten von Furcht, während gegenseitige Achtung und Verläßlichkeit bis hin zu Beziehungen mit freundschaftlichem Charakter die Furcht abschwächen. Daraus können sich auch Widersprüche ergeben. Die Überlagerung von Arbeitsbeziehungen und Freundschaftsbeziehungen kann dazu führen, daß ein Mitarbeiter nicht wagt, mit ganzem Ernst eine bestimmte Sache durchzufechten, um die Freundschaftsbeziehung zu einem Kollegen nicht zu gefährden. Vor derartigen Problemen schützt natürlich, wenn man in Arbeitsbeziehungen jede persönliche Note meidet. Allerdings muß eine Unternehmung für eine solche Abschottung der Führung von ihren Mitarbeitern einen hohen Preis zahlen. In einem unterkühlten Verhältnis wird man schwerlich Personen mit vollem Einsatz für ein Vorhaben gewinnen können, dessen Ausgang ungewiß ist. Aggressivität und Angst wäre zwar ein starkes Gefühlspaar, aber die Möglichkeit, sich darauf zu stützen, wurde im Laufe einiger hundert Jahre erheblich beschnitten. Es lebt ›nur‹ noch mit der Angst vor dem Verlust des Arbeitsplatzes. So ist die Bedeutung von Vertrauen, Achtung, Zuneigung, Verantwortungs- und Zusammengehörigkeitsgefühl für die Kraft von sozialen Systemen in gleichem Maße im Laufe von Jahrhunderten angewachsen – aber gleich null war sie nie.

Uwe Gottwald hat in einer Zeitschrift eine traditionelle Verfahrensweise in seinem Unternehmen folgendermaßen erläutert: »Stellen Sie sich vor, Sie halten im Seminar Ihr Fallstudien-Referat und der Vorstandsvorsitzende Dr. Kajo Neukirchen hebt die Hand, um eine Zwischenfrage zu stellen (...) Ein besserer Erfahrungstransfer ist heute kaum denkbar.«[2] Vorschnell könnte man meinen, diese extreme Gewichtung der Frage einer einzelnen Person sei wohl übertrieben. Aber mit der Frage des obersten Entscheiders liegt gerade keine *beliebige* Frage in der Kommunikation vor, sondern die Antwort muß vom Befragten unmittelbar ›im Angesicht‹ der Entscheidungsfähigkeit über die Zugehörigkeit zum Unternehmen gegeben werden. Damit realisiert das System auf seine Art etwas, das vielleicht mit ›Ernsthaftigkeit‹ beschrieben werden kann und das eine starke Geschlossenheit hervorbringt. Solange die Gewichtung einer Frage im Unternehmen nicht ausschließlich von der Hierarchie abhängt, ist dies sicherlich auch effektiv.

Natürlich wird dieses Macht-Phänomen nach systemischem Denken nicht als etwas Ehernes gesehen, nicht als etwas, das auf einer ›höheren Ordnung‹ beruht, sondern mit systemischer Begrifflichkeit handelt es sich um eine Zuschreibung von Macht, die kommunikativ im System hergestellt wird. Man könnte auch sagen, die Machtposition wird einer Person gewährt. Jedenfalls trifft diese Zuschreibung von Macht in einzelnen psychischen Systemen auf unterschiedliche Anschlußmöglichkeiten. Dem einen ›stellen sich die Nackenhaare auf‹, der andere verspürt unter dieser Führungsperson Sicherheit gegenüber der Außenwelt, um nur zwei Möglichkeiten von Reaktionen einzelner Personen zu nennen. Diese individuellen Reaktionen sind zunächst nur individuell relevant. Aber in der Summe sind sie für die Dynamik des ganzen Systems bedeutsam.

In einer demokratischen Gesellschaft kann nur eine solche Person eine Unternehmung führen, deren Führung im System anerkannt wird, zumindest auf längere Sicht, die also gewissermaßen implizit zur Führung gewählt wird. So gesehen herrschen tendenziell auch in einer Unternehmung quasi demokratische Verhältnisse, deren Führungskräfte jeweils von ›oben‹ bestimmt werden

Aus den eben entwickelten Argumenten ergibt sich folgerichtig, daß die ausgewählte Führungskraft individuell als Führungskraft nichts tun kann, um ihrer Machtrolle zu entrinnen, die der Führungsfunktion entspringt. Ebensowenig kann sie ihrer besonderen Verantwortung für die

Unternehmung entrinnen.[3] Aber sie braucht auch nichts Besonderes tun, um in dieser Rolle zu sein. Im Gegenteil, *besondere* Machtdemonstrationen zeugen nur davon, daß diese Führungskraft nicht verstanden hat, wie, wodurch und wozu sie ihre Macht-*Rolle* so oder so innehat. Wenn eine Führungsperson auf übersteigerte Machtdemonstrationen ›geeicht‹ ist, wenn sie also kommuniziert, ›daß es ohne dauernde Machtdemonstration nicht gehe‹, dann wird damit heutzutage nur die Schwäche des Systems als Schwäche seiner Führung manifest.[4] Es wird demonstriert, daß dieses humane System nicht weiß und nicht klar kommunizieren kann, wozu es überhaupt da ist – und diese Schwäche zeigt sich dann regelmäßig, sobald das ›Element Führung‹ als leibhaftige Person den jeweiligen Raum wieder verlassen hat. Dann ›tanzen die Mäuse‹ und lassen ihrem Unmut mehr oder weniger freien Lauf. Die Funktionalität der weiteren Arbeit wird in diesem Raum dann sicherlich nicht optimal sein.

7.4 Wo liegt das Problem, wenn Mitarbeiter opponieren?

Nehmen wir ein anonymisiertes Beispiel aus der Praxis, das der CEO eines Unternehmens im Rahmen einer Beratung zur Verfügung stellte. Das Beispiel zeigt, wie man mit dem skizzierten theoretischen Konzept sehr sensibel beobachten und analysieren kann: Eine Geschäftsführung (GF) beschließt, das Wachstum in einem Geschäftsbereich von 5 % aus dem laufenden Quartal im Folgequartal ungemindert fortzusetzen. Die Führung im Bereich stimmt dem vorbehaltlos zu. Der Protest aus den Reihen der Mitarbeiter wird allerdings auch bald deutlich, und er kann in Besprechungen nicht spürbar vermindert werden. Die GF hält an ihrer Sichtweise der Unternehmung und der Anschlußfähigkeiten am Markt fest. So definiert sie folgerichtig, daß für die Berechnung des Zugewinnbonus nicht mehr der Umsatz aus dem vorigen Quartal maßgebend ist, sondern die 105 % aus dem laufenden Quartal als zukünftige 100 %-Basis gelten. Weiterer Protest ist die Folge. Als sich nun das Folgequartal dem Ende nähert, zeichnet sich nicht nur eine Steigerung auf noch einmal 105 %, sondern sogar auf 108 % ab (wohlgemerkt, bereits auf der neuen Basis. Bezogen auf die alte Basis aus dem alten Quartal ergibt die Berechnung eine aktuelle Steigerung von 113,4 %). Die Entwicklung des realisierten Austauschs der Unternehmung mit der Umwelt hat die Vorstellungen der GF also eindeutig bestätigt.

Nun können wir analysieren:

- Die Festlegung der GF, keinen Bonus zu zahlen, wenn das erreichte gute Niveau nur gehalten wird, wurde durchgesetzt, und damit hat die GF ihre eigene Einschätzung für das System als ernstzunehmend kommuniziert.
- Der GF war es nicht gelungen, die Mitarbeiter dafür zu gewinnen, daß sie diesen Kurs der GF für die Unternehmung auch ausdrücklich *wollen.*

Vor dem Hintergrund der Zugehörigkeitsfrage entwickelt eine Analyse der im weiteren möglichen Optionen für die Geschäftsführung erhebliche Folgen. Es könnte scheinbar pragmatisch die Auffassung vertreten werden (**Alternative 1 – ›Schulterzucken‹**), solcher Druck, den die GF über *das Diktat* einer veränderten Bonusregelung ausübte, sei in Wirtschaftsunternehmen als Druck *generell* notwendig und lohne kein weiteres Hinterfragen, vielmehr müsse man einfach mit dem gleichen Druck weitermachen. Diese Auffassung kann vielleicht noch ohne Schaden von einfachen Mitarbeitern vertreten werden. Eine Führungskraft hingegen disqualifiziert sich selbst damit, mit negativen Folgen für das ganze System. Denn wenn tatsächlich *generell* Kommunikationen auftauchen, die nicht *wollen*, was die Führung will, dann steht die Zugehörigkeitsfrage auf der Tagesordnung, und zwar in alle Richtungen, also auch auf die Führungspersonen zielend. Damit ist gesagt, solch ein Problem liegt immer *bei* der Funktion Führung. Als personifizierte Führung kann diese ihre Funktion nur rhetorisch bei anderen Personen abladen. *So wird die Auffassung, Führung müsse generell mit Druck arbeiten, als gefährlicher*

Kompromiß einer Führung enthüllt, die nicht wagt, sich selbst und das System ernst zu nehmen. Da mag der ›generell nötige Druck‹ noch so vehement oder realistischerweise noch so bitter vorgetragen werden, er zeugt nur vom Ausweichen vor der eigentlichen Aufgabe, nämlich eine überzeugende Kommunikation zu organisieren, oder als ultima ratio, den Systemausschluß (nicht nur als verbale Drohung) auf die Tagesordnung zu setzen. *Das bedeutet, Führung in einem System zu sein, das seinen Weg auf hohem Leistungsniveau nur findet, wenn die Aktionen des Systems von jeweils eigensinnigem Willen vieler Personen vorangetrieben werden.*

Eine andere Variante (**Alternative 2 – ›Harter Hund‹**) könnte darin bestehen, ›die günstige Gelegenheit beim Schopf zu packen‹ und den Druck auf die Mitarbeiter massiv zu erhöhen, bis hin zur Kündigung der Wortführer der Opponenten (Man denke an: "durch den Tod des SH«, vgl. Exkurs 11). Damit würde die Führungsfunktion innerhalb dieses Unternehmens grundlegend beschädigt. Oben wurden die Sicherung der Funktionalität *und* die Sicherung der Zusammengehörigkeit als diejenigen Momente analysiert, die Führung konstituieren. Entlassungen, die nicht zwingend nötig sind und dem System nicht überzeugend vermittelt werden können, wirken als imperiale Willkürmaßnahmen durch Subsysteme und bedrohen die Zusammengehörigkeit aller. Sie zerstören die Voraussetzungen für Identifikation mit einem Schlag, und zwar nachhaltig. Den Satz: »Wir halten zusammen« – kann fortan niemand mehr überzeugend oder überzeugt sprechen oder auch nur denken, weil jeder erlebt hat, wie das Gegenteil dominiert. Dies kann nun systemisch nüchtern festgestellt werden ohne Rückgriff auf eine Moral oder ›höhere Gerechtigkeit‹. Die Führung würde damit schlicht dominant kommunizieren, daß Einzelinteressen jederzeit über das Überlebensinteresse des Systems gestellt werden, und das ist dann eben auch so – es gilt bis auf weiteres für alle Subsysteme im System, die fortan höchstwahrscheinlich auch zuerst ihren eigenen Nutzen suchen werden. Man kann einen solchen Vorgang auch so formulieren, daß mit imperialen Willkürmaßnahmen von Führungspersonen die Geschlossenheit eines Systems untergraben und so seine Existenz elementar bedroht wird. Mehr vom Gleichen, mehr ›Führung‹ führt nach dieser Betrachtung ab einer schwer zu definierenden Schwelle zu weniger Geschlossenheit und Führungsfähigkeit im System. Ein Zuviel an machtbasierter Führung macht offene oder verdeckte Revolten anderer Subsysteme wahrscheinlich, und die sind in Form von Grabenkämpfen allzu häufig betrieblicher Alltag.

Für die Möglichkeit, ins andere Extrem zu fallen (**Alternative 3 – ›Immer freundlich‹**) bietet das beschriebene Unternehmen ebenfalls keine Anhaltspunkte. Aber theoretisch könnte die Führung die Leistungsansprüche wieder zurückschrauben, als sogenannte Belohnung. Nun können wir theoriegestützt prognostizieren, daß in dem Maße, wie die Fähigkeiten des Unternehmens und das Potential des Marktes im System tendenziell[5] bekannt sind, würde damit Ernsthaftigkeit verlorengehen, weil wiederum Partikularinteressen vor Systeminteressen kommuniziert würden, diesmal zum kurzfristigen finanziellen Nutzen eines Teils der Mitarbeiter.

Nun soll auch noch eine weitere Variante (**Alternative 4 – ›komplex ist sexy‹**) skizziert werden, die Widersprüchlichkeit und Unvollkommenheit integriert. So könnte die Unternehmensführung die Auffassung vertreten, es sei *nur in diesem Einzelfall* im Interesse des Systems gewesen, die neue Bonusregelung *gegen* die Mitarbeiter durchzudrücken. Dies könnte gut mit einer Toleranz begründet werden, die dem System dient; denn das System soll ja auch dann gut fortexistieren, wenn das Zusammenspiel Führung-System nur real-optimal, aber nicht paradiesisch perfekt realisiert werden kann. Und auf diesem Weg könnte die GF des Unternehmens die aktuell anstehende Aufgabe angehen, nämlich ihre Einschätzung der Fähigkeiten des Systems gegenüber der Umwelt (dem Markt) noch überzeugender in den sich selbst steuernden Kommunikationsprozeß einzubringen.

Das beschriebene Unternehmen hat sicher gute Chancen, auf die 4. Variante einzuschwenken, denn:

1. Die Führung versteht es, sich selbst ernst zu nehmen.
2. Die Führung hat erwiesenermaßen die Marktchancen realistisch antizipiert.

3. Die Mitarbeiter identifizieren sich so weitgehend mit dem Unternehmen, daß sie selbst ihren Unmut *als zugehörig für alle wahrnehmbar erklären.*
4. Die Mitarbeiter halten ganz offensichtlich ihren hohen und kreativen Einsatz für das Unternehmen trotz ihres Unmutes aufrecht. Sie geben ihrer Führung quasi Vertrauenskredit, und der muß irgendwie zurückfließen.

Wenn in dem anstehenden Klärungsprozeß dafür gesorgt wird, die optimistische Sicht auf den Markt im Unternehmen zu verbreiten, und *gleichermaßen* auch der Frage Raum gegeben wird, welche (guten) Gründe die opponierenden Mitarbeiter bewegen, dann kann sich eine Entwicklung ergeben, die alle Beteiligten als Gewinn erleben (abgesehen vom Wettbewerb).

Eine an Personen gebundene Führung kann sich als Subsystem ›Führung‹ klarmachen, daß sie für den Kommunikationsprozeß, den sie nicht kontrollieren kann, auch dort Verantwortung trägt, wo sie nicht persönlich anwesend ist; denn die Erfüllung der Führungsfunktion ist das, was die Führungskräfte unternehmensweit gewährleisten sollen und wofür sie schließlich ihr Salär erhalten. Wenn sie die strategische Orientierung in ihrem Führungsbereich nicht immer wieder neu entwickeln, präsent halten und die aktuellen Aufgaben in diesem Rahmen klären, dann wird diese Verantwortung nur als leeres Gerede kommuniziert. Solange der Wettbewerb genauso operiert, kann man sich das vielleicht leisten.

Hier könnte man nahtlos zum Thema Hierarchie übergehen. Im Rahmen dieses Buches muß als notwendige Ergänzung das knapp wiedergegebene Argument von Wimmer/Nagel genügen: »(Hierarchie) bringt den jeweils übergeordneten Kontext und seine Überlebensnotwendigkeit zur Geltung.«[6] Die beiden Autoren sprechen bemerkenswerterweise von einem »übergeordneten Kontext«, den Führung oder Hierarchie zur Geltung bringe. Führung *ist* demnach nicht dieser übergeordnete Kontext, sondern *sie dient dem übergeordneten Kontext.*

Führung ist dem übergeordneten Kontext also ebenfalls untergeordnet. Dieser Widerspruch kann mit dem Konzept der Dialektik begrifflich wieder gut gefaßt werden: Führung bedeutet Unterordnung unter den Zweck des Systems, oder – führen heißt dienen. Selbstherrlichkeit kann somit keinen ungebrochenen Anschluß mehr finden, sowenig wie die Anbiederung an Partialinteressen im System – konkret würden also übersteigerte Abfindungs-, Gehalts- oder Lohnzahlungen in diesem Sinne Partialinteressen dienen.

Was nützt dieses Konzept nun einer Führungsperson? Es liefert im konkreten Einzelfall eine Analyse, die eine bestimmte Handlungsweise nahelegt. Im gleichem Atemzug muß man aber gestützt auf die Theorie für diese Analyse einräumen, daß sich die Schlußfolgerungen im Einzelfall auch als falsch erweisen können. Die in diese Theorie integrierte Komplexität läßt keine absolute Sicherheit oder Gewährleistung für Erfolg zu.

Wenn man nun an eine brauchbare Theorie die berechtigte Anforderung stellt, sie solle Probleme vereinfachen, welchen Nutzen kann dann eine Theorie beisteuern, die erst eine Analyse ermöglicht, und diese dann gleich wieder in Frage stellt? Die Antwort kann so lauten: Diese Theorie ›sagt‹: ›Du stehst vor einem Problem, dessen Lösung du nicht ausrechnen kannst, vielmehr ist das ein Problem, das du einfach nur durch Entscheiden lösen kannst, und diese Verantwortung kann dir keiner abnehmen. Verschaffe dir alle verfügbaren Daten, analysiere mit einer sensiblen ganzheitlichen Theorie, und dann entscheide – *mehr ist nicht zu tun*, und mehr kann hier niemand tun‹ (vgl. Lee Iacocca: »… But at some point you've got to make that leap of faith. …«[7].

Die Vereinfachung, die diese Theorie für das praktische Leben beisteuert, ist somit, daß sie Konzepte für eine sensible Analyse bereitstellt, und darüber hinaus gibt sie einem gewissermaßen das Recht und die Pflicht, schlicht zu entscheiden. Ihr weiterer Wert besteht darin, damit zu konfrontieren, daß mehr Sicherheit in solch einer Situation grundsätzlich nicht möglich ist. Mehr Sicherheit ist auch nicht nötig, um für ein Unternehmen eine hohe Erfolgswahrscheinlichkeit zu gewährleisten; denn mehr Sicherheit gab es für Unternehmen nie und wird es nie geben. Offenbar ist das auch nicht notwendig, wie das Vorhandensein dieser sozialen Systeme beweist.

Mit obigen Überlegungen verliert die Analyse des Unternehmensbeispiels ihre Stringenz und die vier Varianten sind nurmehr vier mögliche Entscheidungen. Ob eine Führungskraft oder ein Mitarbeiter eine der vier Varianten bevorzugt, wird als schlichte Entscheidung enthüllt. Und die Stringenz, die ich durch meine unverhohlenen Formulierungen wertend den einzelnen Optionen beimaß, sind ebenfalls nur das Ergebnis einer Entscheidung (wenn auch gestützt auf eine ausformulierte Theorie). Jede der 4 Varianten hat eine gewisse Überlebenschance, die sich erst in der Zukunft zeigen kann, oder eben nicht. Hier geht es um Wahrscheinlichkeiten. *So ist man nie der Verantwortung enthoben, für sich zu entscheiden, wie man führen oder geführt werden will.* Und selbst ein zeitweises Scheitern wäre noch kein nachhaltiger (Gegen-)Beweis. Die Zukunftsfähigkeit eines Kommunikationsbeitrags ist nicht mit der Zukunftsfähigkeit des physischen oder psychischen Systems der Person, die ihn einbrachte, wie in einem Getriebe verzahnt. Es kann also sein und kommt alltäglich vor, daß eine Person den Erfolg oder auch den Schaden einer ihrer Unternehmensentscheidungen nicht mehr (im Unternehmen) erlebt (oder erleben muß).

7.5 Führung und strategische Überzeugung

In Kapitel 3.2 wurde der Mythos[8] der Planbarkeit oder Machbarkeit einer Kritik unterzogen. Diese Kritik kann mit einem Zitat von Russell Ackoff zusammengefaßt werden: »Die meisten Unternehmensplanungen sind wie ein ritueller Regentanz: er hat keinen Einfluss auf das kommende Wetter, aber er lässt diejenigen, die ihn betreiben, glauben, daß sie die Dinge unter Kontrolle haben.«[9] Die folgende kleine Geschichte wird von Autoren immer weitergereicht, weil sie auf bedeutsame Weise die Grundproblematik von Strategie und Überzeugung erzählt, mag sie nun auf einer wahren Begebenheit beruhen oder nicht.

Exkurs 51 – Sich am eigenen Schopf aus dem Sumpf ziehen

»Der junge Leutnant einer kleinen ungarischen Einheit in den Alpen sandte einen Aufklärungstrupp in die Eiswüste der Berge. Es begann unmittelbar nach Aufbruch zu schneien, und der Schneesturm hielt sich über zwei Tage, ohne daß die Daheimgebliebenen ein Lebenszeichen der Einheit erhielten. Der Leutnant machte sich Vorwürfe, weil er befürchtete, daß er seine eigenen Leute in den Tod geschickt habe. Aber am dritten Tag kehrte die Einheit zurück. Wo waren sie gewesen? Wie hatten sie ihren Weg gefunden? ›Nun‹, sagten sie, ›wir glaubten uns schon verloren und warteten auf das Ende. Und da entdeckte einer von uns eine Karte in seiner Tasche. Das beruhigte uns. Wir schlugen das Lager auf, warteten den Schneesturm ab, und dann, mit der Karte in der Hand, konnten wir uns orientieren. Und da sind wir‹. Der Leutnant nahm sich diese bemerkenswerte Karte und prüfte sie eingehend. Zu seiner Verwunderung entdeckte er, daß es sich nicht um eine Karte der Alpen handelte, sondern der Pyrenäen.«[10]

»Das Versprechen, den Ausweg zu zeigen, führte zu einem Ausweg.«[11] – so das Resümee der Geschichte, das Nicolai in seiner Arbeit zieht. Mit der Überzeugung, durch die Karte eine echte Chance zu haben, mobilisierte der kleine Trupp offenbar die notwendige mentale und physische Kraft. Wenn man diese Bewertung ernst nimmt, dann ist eine bestimmte Anschlußfrage kaum zu vermeiden: Was wäre geschehen, wenn nur eine Person im Trupp, etwa aufgrund von Sprachkenntnissen anhand der Legende der Karte zweifelsfrei bemerkt hätte, daß die besagte Karte über das Orientierungsproblem des Trupps überhaupt nichts aussagen konnte? Unterstellen wir gleichzeitig, wie gerade angedeutet, daß die Personen des Trupps tatsächlich physisch über ihre Leistungsgrenze gefordert waren, um zu überleben, und daß ihnen dies nur durch eine enorme mentale Mobilisierung gelingen konnte. Wenn das aber so war, dann wird man mit der Konsequenz konfrontiert, daß die banale Kenntnis von der wahren Natur der Landkarte für diese Menschen tödlich gewesen wäre. Oder anders formuliert, es wäre tödlich gewesen, die

Irrationalität des Glaubens an die Karte zu zerstören – es sei denn, der Trupp hätte unverzüglich und überzeugend irgendeine andere entwikkeln können: Ein Adler fliege nah vorbei, dann einem Bergsattel entgegen und ein Soldat ruft: »Da! Ein Zeichen! Der weist uns den Weg!« Man kann entspannt darüber spotten – solange man sich nicht in einer solchen Lage befindet.

Die Faszination, die von der Geschichte ausgeht, rührt daher, daß eine entsprechende Situation für Wirtschaftsunternehmen und Personen nicht ungewöhnlich ist – und spätestens dann wird die Überlebensfrage real, wenn ein wichtiger Wettbewerber die Kraft einer strategischen Überzeugung in sich realisieren kann, die ihn mit der ganzen Kraft seines Systems ›die richtigen Dinge‹ tun läßt.

So stellt sich die Frage, wie ein psychisches oder soziales System erfolgreich weiterexistieren kann, das durch eine Phase der Aufklärung die Gewißheit über die Eindeutigkeit und Richtigkeit seiner Handlungen verloren hat? Und nun geht es ja nicht nur darum, daß man *einen bestimmten* Mythos verloren hat, sondern daß Verheißungen generell fragwürdig geworden sind. Gibt es einen bewußten Weg, der Aufklärung nicht scheuen muß und durch die Irritation und Kraftlosigkeit beim Verlust des Mythos hindurchführen kann?

Schauen wir zunächst nach dem Minimum, das mit rein rationalem Vorgehen erreichbar ist. Sicherlich tut ein Unternehmen gut daran, die Anwendung bereits bekannter ›Tools‹ zu nutzen, um möglichst viel Teilwissen bezüglich des operativen Geschäfts und der strategischen Situation zu generieren. Es werden genau diese bewährten Hilfsmittel sein, die im Verbund mit der Evolution der Kommunikation einen größtmöglichen Schutz vor dem »Gefängnis der eigenen Annahmen«[12] bieten kann. Weniger sollte man nicht unternehmen, um so früh wie irgend möglich bemerken zu können, daß das Unternehmen einen falschen Weg eingeschlagen hat, und andererseits, um zu entdecken, in welcher Richtung möglicherweise eine große Chance bereit liegt. Nicht von ungefähr sprechen Wimmer/Nagel in diesem Zusammenhang davon, daß »(d)iese Überwachung fungiert wie ein ›strategisches Radar‹«[13]

Dieses Minimum an nutzbaren Möglichkeiten kann aber überschritten werden. Mit rationalen Argumenten allein wird das Potential einer humanen Organisation noch nicht ausgeschöpft. Die inneren Umwelten des Unternehmens, die Personen, bewegen sich unter wesentlicher Beteiligung von Emotion und Intuition. Diese irrationale Dimension des Lebens durchzieht stabil die Evolution unserer Spezies. Es wäre schlicht unvernünftig, ausgerechnet im Unternehmen diese Dimension zu negieren oder sich auch nur einzubilden, man könne und solle sie negieren. Nach dem, was wir heute über uns wissen, also in einem engen Sinn wirklich wissen, wäre es irrational, die irrationale Dimension bei sich und anderen nicht bewußt zu berücksichtigen. Seit Jahrtausenden bewältigen wir das Leben auch mit Hilfe unseres Verstandes, keine Frage, aber dieser Verstand versagt unvermeidlich angesichts der alltäglichen größeren und kleineren Unwägbarkeiten. Wenn wir nicht Emotionen und Intuitionen in uns mobilisieren könnten, hätten wir keine einzige davon je überschreiten können.

Der Komplexitätsgedanke ist eine zeitgemäße Antwort auf die Konfrontation mit Unwägbarkeiten. Man weiß jetzt, daß man furchtbar irren kann. Man weiß aber auch, daß dieses Risiko für Menschen und ihre Unternehmen tagtäglich und generell unvermeidlich ist. Und man weiß zum dritten um die Kraft, die eine integrierende Überzeugung in einem psychischen oder sozialen System freisetzen kann (Rationalität und Irrationalität integrierend). Dabei ist ›die Landkarte‹, ›der Adler‹ oder ›success against all odds‹ (Honda-Leitbild) nur eine unentbehrliche Brille, durch die man die Realität betrachten kann, um die eigene Begeisterung tatsächlich sinnvoll erscheinen zu lassen, eingedenk allen Wissens und Unwissens. Es geht darum, auch im Unternehmen eine solche Brille, eine Einbildung gewissermaßen, ausdrücklich schätzen zu lernen, denn die Illusion, keine zu haben, ist die am wenigsten belehrbare. Es ist vernünftiger, seine Einbildungskraft zu nutzen und sich für ein bewußt ausgesuchtes Bild der eigenen Zukunft zu entscheiden und zu sagen: Illusion? Nein, das ist jetzt schon mehr, dafür stehen wir, das ist unsere Vision.

Aus dieser Dialektik heraus wird es Personen und Unternehmen immer wieder gelingen, eine strategische Überzeugung mit selbstmobilisierender Kraft entstehen zu lassen. Heute vielleicht, indem ein Unternehmen mit Verfahrensweisen der Reentry-Kommunikation bewußt Wahrscheinlichkeiten dafür schafft, im ›Wissen‹, daß ein Mythos ›hinterm Rücken der Akteure‹[14] tatsächlich entstehen kann – und im Handeln dieses sozialen Systems ist dann wahrscheinlich *eines* von innen und von außen beobachtbar: Das geniale ›Spiel ohne Ball‹ im Unternehmen.

Anmerkungen

Einleitung – Überblick

[1] Zitiert aus: Doppler/Lauterburg, 2000, S. 140.
[2] Luhmann, 1987, S. 36.

1 Was Unternehmen vom Fußball lernen können

[1] Seit einiger Zeit wird es zunehmend als ausgrenzend empfunden, wenn in einem Text weibliche Personen umstandslos in maskulinen Wortformen subsummiert werden. Alle bisher bekannten Lösungen dieses Problems (LeserIn, Leser/in) hemmen aber den Satzfluß, sobald ein Artikel, ein Adjektiv usw. hinzukommen. Deshalb habe ich meist an der althergebrachten Schreibweise festgehalten, will aber das Problem nicht verschweigen. Mir ist keine zufriedenstellende Lösung eingefallen.
[2] Gefunden bei Stephen Wolinsky, Quantenbewußtsein, S. 26.

2 Klärungen vor dem Hintergrund der Luhmannschen Systemtheorie

[1] Luhmann, 1987, S. 22 (Hervorh. v. Verf.).
[2] Luhmann, 1987, S. 23.
[3] Goethe, Wahlverwandtschaften II,4; hier zitiert aus: dtv-Lexikon der Goethe-Zitate; München, dtv, Bd. 2 1972.
[4] Luhmann, 1987, S. 11.
[5] Luhmann, 1987, S. 41.
[6] Luhmann, 1987, S. 240.
[7] Luhmann, Baecker (Hrsg.), 2004.
[8] Luhmann, 1987, S. 233.
[9] Luhmann behandelt dieses Thema etwas anders und widerspricht der »klassischen Entgegensetzung« (Luhmann, 1987, S. 64 f.). Aber darauf soll hier nur hingewiesen werden.
[10] Luhmann, 1987, S. 25
[11] Luhmann, 1987, S. 241

[12] Luhmann, 1987, S. 198

[13] Luhmann, 1987, S. 247.

[14] Genaugenommen ist ›Autopoiese‹ kein Synonym für den älteren Begriff ›Selbstorganisation‹, vgl. Luhmann, 1987, S. 60ff.

[15] Luhmann, 1987, S. 290. Maturana spricht von ›struktureller Koppelung‹: »Wenn zwei oder mehr Organismen in rekursiver Weise als strukturell plastische Systeme interagieren und jeder Organismus so zum Medium der Verwirklichung der Autopoiese des anderen wird, ergibt sich wechselseitige ontogenetische Strukturenkopplung". (Maturana, zitiert aus Simon, 1999, S. 205).

[16] Im folgenden müssen kleine Fragmente genügen: »(Die Meinung) begreift die Verschiedenheit philosophischer Systeme nicht so sehr als die fortschreitende Entwicklung der Wahrheit, als sie in der Verschiedenheit nur den Widerspruch sieht. Die Knospe verschwindet in dem Hervorbrechen der Blüte, und man könnte sagen, daß jene von dieser widerlegt wird; ebenso wird durch die Frucht die Blüte für ein falsches Dasein der Pflanze erklärt, und als Wahrheit tritt jene an die Stelle von dieser [...] Aber ihre flüssige Natur macht sie zugleich zu Momenten der organischen Einheit, worin sie sich nicht nur nicht widerstreiten, sondern eins so notwendig als das andere ist, und diese gleiche Notwendigkeit macht erst das Leben des Ganzen aus«; »Diese Bewegung, welche das ausmacht, was sonst der Beweis leisten sollte, ist die dialektische Bewegung des Satzes selbst [...], dieser sich selbst erzeugende, fortleitende und in sich zurückgehende Gang.« (Hegel, 1984, S. 12 u. S. 61) und: »Ein Urteil kann nur entweder die Selbigkeit zweier Bestimmungen oder deren Andersheit aussagen, aber nicht beides zugleich. Das Urteil kann nur entweder aussagen: »Das Allgemeine ist Besonderes« oder aber: »Das Allgemeine ist nicht Besonderes. Für die Dialektik ist es jedoch entscheidend, beides zugleich zu denken.« (Schäfer, 2001, S. 259). Ich will mich mit diesem Text hier nicht weiter auseinandersetzen, sondern mit ihm nur kurz aufleuchten lassen, wie die Einheit von Gegensätzen begrifflich auf eine Weise gefaßt werden könnte, daß sie im Sinne einer Logik nicht abgelehnt werden müßte. Damit will ich auch konkretisieren, was ich mit dem Begriff ›Denkfigur‹ meine, nämlich beispielsweise die Möglichkeit oder Fähigkeit, Widersprüchliches »zugleich zu denken«, ohne damit die logische Urteilsfähigkeit generell zu verlieren. Die Hegelsche Denkfigur könnte es uns erleichtern, widersprüchliche Phänomene zu beobachten, ausdrücklich zu kommunizieren und auf diesem Weg besser zu verstehen.

[17] Luhmann, 1987, S. 36.

[18] Luhmann, 1987, S. 152.

[19] Prigogine/Nicolis, 1987, S. 110.

[20] Luhmann, 1987, S. 46 u. 50.

3 Probleme personenzentrierter Theorie-Ansätze

1 www.computerwoche.de, 10.2.2005.
2 Argyris, 1999, S. 22.
3 Argyris, 1999, S. 24 f.
4 Geißler in Sattelberger, 1996 a, S. 79 ff.
5 Hier zitiert nach http://www.4managers.de/02-Zitate/.
6 Rieckmann in Sattelberger, 1996b, S. 185 ff.
7 Argyris, 1999, S. 28.
8 ZDF/Phoenix – Kamingespräche mit Klaus-Peter Siegloch, Reinhard Mohn 20.6.2001.

4 Die innere Umwelt sozialer Systeme

1 Luhmann schreibt: »... alles, was in der Welt der Sinnsysteme rezipiert und bearbeitet werden kann, muß diese Form von Sinn annehmen, sonst bleibt es ... ohne Kommunikabilität ...« (1987, S. 97/98.) und: »Ob Sinn als Bewußtsein oder Kommunikation aktualisiert wird ...« (1987, S. 142), und: »Kommunikation ist ... ein ... Vorgang des Prozessierens von Selektionen.« (1987, S. 205)
2 Luhmann, 1987, S. 218.
3 Luhmann, 1987, S. 148 ff.
4 Hinterhuber/Handlbauer/Matzler in Scholz, 1999, S. 40.
5 Eine kleine Skizze der Seefahrt finden Sie in dem Aufsatz »Sklavengaleeren und Autopoiese« bei www.p-schloetter.de.
6 Friedrichs/Althauser (Hrs.), 2001, S. 9 f.
7 Friedrichs/Althauser (Hrs.), 2001, S. 5.
8 Friedrichs/Althauser Hrs.), 2001, S. 10.
9 Sattelberger, 1999, S. 10.
10 Sattelberger (Hrs.), 1996a, S. 7.
11 Friedrichs/Althauser (Hrs.), 2001, S. 34.
12 Friedrichs/Althauser (Hrs.), 2001, S. 34.
13 Friedrichs/Althauser (Hrs.), 2001, S. 20.
14 Friedrichs/Althauser (Hrs.), 2001, S. 20. (Hervorheb. v. Verf.)
15 Friedrichs/Althauser (Hrs.), 2001, S. 58.
16 Stiefel, 1996, S. 29.
17 Berthel/Touet in Friedrichs/Althauser (Hrs.), 2001, S. 365.
18 Berthel/Touet in Friedrichs/Althauser (Hrs.), 2001, S. 366.
19 Im Buch von Wimmer/Nagel (2002) sind diese ›Werkzeuge‹ ausführlich dargestellt.
20 Friedrichs/Althauser, 2001, S. 26 f.

[21] Sattelberger, 1996a, S. 14.

[22] Sattelberger, 1996a, S. 16.

[23] Sattelberger, 1996a, S. 16.

[24] Sattelberger, 1996a, S. 40 (Hervorh. im Original).

[25] Chase/Garvin zitiert in Sattelberger, 1996a, S. 39.

[26] Sattelberger, 1996a, S. 22.

[27] Wimmer/Nagel, 2002, S. 183.

[28] Wimmer/Nagel, 2002, S. 85.

[29] Terberger, 1998, S. 43.

[30] Glasl, 1992, S. 279 (Hervorh. v. Verf.).

[31] Dieses und die weiteren Zitate aus: Schwarz, 1990 (Hervorh. v. Verf.).

[32] Im Grundsatz deckt sich diese Einschätzung mit der ›klassischen‹ Fassung des Begriffs ›Personalentwicklung‹, so schreiben Weber/Mayrhofer/Nienhüser in ihrem Standardwerk »Taschenlexikon Personalwirtschaft«: »Unter Personalentwicklung wird die Veränderung persönlicher Merkmale verstanden, die für die Ausübung beruflicher Tätigkeiten relevant sind (Kenntnisse, Erfahrungen, Fähigkeiten)...« (Weber/Mayrhofer/Nienhüser, 1997, S. 208).

5 Strategie als Voraussetzung

[1] Vergl. Nicolai, 2000, S. 54 ff.

[2] Nicolai, 2000, S. 58.

[3] Nicolai, 2000, S. 58.

[4] Nicolai, 2000, S. 61 ff.

[5] Zitiert aus Nicolai, 2000, S. 63.

[6] Nicolai, 2000, S. 66.

[7] Dieses Zitat wie auch wichtige Gedankengänge habe ich Wimmer/Nagel, 2002 entnommen.

[8] Streib in OFW, 1993, S. 223.

[9] Nicolai, 2000, S. 143.

[10] Nonaka/Tacheuchi, 1997, S. 228.

[11] Nonaka/Tacheuchi, 1997, S. 205.

[12] Wimmer/Nagel, 2002, S. 273.

[13] Wimmer/Nagel, 2002, S. 104.

[14] Wimmer/Nagel zitieren hierzu Willke (Wimmer/Nagel, 2002, S. 290).

[15] Also Bindung Mensch-Mensch und Mensch-Unternehmung.

[16] Wimmer/Nagel betonen in diesem Zusammenhang auch, daß Unklares erst im Kontrast zu Klarem deutlich werden kann: »Wie wir gesehen haben, ist das ge-

meinsame Verständnis eine der Voraussetzungen dafür, daß sich ein Unternehmen überhaupt Beobachtungs- und Artikulationsmöglichkeiten für Ungewöhnliches schafft.« (Wimmer/Nagel, 2002, S. 250).

17 Wimmer/Nagel, 2002, S. 79.

18 Wimmer/Nagel, 2002, S. 89.

19 Wimmer/Nagel, 2002, S. 73 f.

20 Luhmann, 1987, S. 95.

21 Luhmann, 1987, S. 96.

22 Wimmer/Nagel, 2002, S. 183.

6 Verfahrensweisen der Reentry-Kommunikation

1 Im Original heißt es: »(...) nämlich daß jede Beobachtung eine Interpretation im Lichte unseres theoretischen Wissens in sich schließt, oder anders ausgedrückt, daß ein rein auf Beobachtung gegründetes Wissen – ein Wissen, das keinerlei Theorie enthält – völlig unfruchtbar und uninteressant wäre, falls es so etwas überhaupt geben kann« (Popper, 2000, S. 33).

2 Weick, 1995, S. 195 u. 325.

3 Simon/Rech-Simon, 2000.

4 Götz Werner, publiziert in einem Aushang an der Universität Karlsruhe (Frühjahr 2005).

5 Vgl. Peter Schlötter, »Vertraute Sprache und ihre Entdeckung«, Carl-Auer, 2005; alle hier nur mit »VS–S.« gekennzeichneten Zitate stammen aus dieser Arbeit; vgl. auch den gleichnamigen Dokumentarfilm.

6 Alle Namen und Daten der Fallbeispiele in diesem Buch sind so verändert, daß der reale Ursprung unkenntlich ist. Zufällige Übereinstimmungen mit realen Personen und Unternehmen sind unbeabsichtigt und können über diese Personen und Unternehmen nichts aussagen.

7 ›Vorchecking‹ bedeutet: die gegnerischen Spieler bereits in deren Spielhälfte auf dem Platz anzugreifen.

8 Watzlawick/Beavin/Jackson liefern ein grundsätzliches Argument für die Zulässigkeit von mathematischen Analogien zur Beschreibung sozialer Beziehungen: »So aufgefaßt, gründet sich die Pragmatik auf die beobachtbaren Wechselwirkungen menschlicher Beziehungen im weitesten Sinn und ist damit der traditionellen Psychologie viel weniger verwandt als der Mathematik, die sich ja von allen Disziplinen am unmittelbarsten mit den Beziehungen zwischen und nicht mit der Natur von Entitäten befaßt.« (S. 23); »Denn im Gegensatz zur Zahl als Ausdruck einer wahrnehmbaren Größe haben die Variablen keine ihnen innewohnende Be-

deutung; sie sind nur in Beziehung zueinander sinnvoll. Eine solche Beziehung zwischen Variablen (meist, aber nicht unbedingt in Form einer Gleichung ausgedrückt) stellt den Begriff der Funktion dar. Funktionen (...) sind überhaupt keine Zahlen im plastischen Sinne, sondern Zeichen für einen Zusammenhang.« (S. 25); »Nicht ›Dinge‹, sondern Funktionen machen demnach das Wesen unserer Wahrnehmungen aus; und Funktionen sind, wie wir gesehen haben, nicht isolierte Größenbegriffe, sondern ›Zeichen für einen Zusammenhang‹.« (Watzlawick/Beavin/Jackson, 2000, S. 29).

9 »Diese Methode zur Lösung gewöhnlicher Differentialgleichungen besteht in der Hauptsache darin, daß man von einer Gleichung für die unbekannte Funktion zu einer Gleichung für deren Transformierte übergeht. Diese Gleichung ist dann keine Differentialgleichung mehr, sondern eine gewöhnliche algebraische Gleichung. Hat man die Transformierte gewonnen, so bestimmt man mit ihrer Hilfe die gesuchte Funktion. Somit liegt die Hauptschwierigkeit der Operatorenmethode nicht in der Lösung der Gleichung, sondern im Übergang von der Funktion zur Transformierten und umgekehrt.« (Bronstein/Semendjajew, 1973, 394 f.)

10 Die Formulierung in dieser Metapher stammt von Alexander Kipp, einem Studenten an der Universität Karlsruhe im Seminar »Personalentwicklung und Reentry-Kommunikation«, mündlich, Wintersemester 2005/6.

11 Die Gesamtzahl im Versuch betrug 70, inklusive der gescheiterten Versuche. Meßergebnisse lagen in 67 Fällen vor, inklusive der 2, die den Raum verlassen haben (s. VS).

12 Sparrer, Varga von Kibéd, 2000.

7 Führen oder Nicht-Führen ...

1 Betriebsverfassungsgesetz, 1972, Erster Teil: Allgemeine Vorschriften, § 5 Arbeitnehmer, Abs. (2).

2 Gottwald, 2000, S. 45 ff.

3 Wimmer/Nagel geben dem Thema Verantwortung in ihrer Arbeit eine zentrale Bedeutung und schreiben: »Wenn es um Fragen der künftigen Überlebensfähigkeit geht [...] handelt es sich um eine nicht delegierbare gemeinschaftliche Führungsleistung« (2002, S. 72). Um einen weiteren grundsätzlichen Aspekt von Verantwortung deutlich zu machen, zitieren sie Luhmann: »Entscheidungen sind nur möglich, weil die Zukunft unbestimmt, also auch unbekannt ist. Und eben das macht das aus, was man üblicherweise Verantwortung nennt« (2002, S. 255); und sie führen Hamel/Prahalad an: »Das Topmanagement kann seine Verantwortung für die Entwicklung, Formulierung und Verfechtung eines Zukunftskonzeptes nicht verleugnen« (2002, S. 72).

[4] Natürlich ist das Ausmaß, in dem ein System Zwang durch sich selbst auf sich selbst zuläßt, eine historische Größe.

[5] Man sollte implizite Kommunikation und Wahrnehmung nicht unterschätzen.

[6] Wimmer/Nagel, 2002, S. 102.

[7] Lee Iacocca, zitiert nach Hartmut Bretz in Sattelberger, 1996a, S. 158.

[8] In dieser Arbeit erfolgt keine eigene Klärung und Abgrenzung der Begriffe: Glaube, Einbildung, Irrationalität, Mythos, Illusion, Verheißung, Vision, Strategie, Überzeugung, Begeisterung und Kultur.

[9] Nicolai, 2000, S. 45, eigene Übersetzung aus dem Englischen.

[10] Zitiert nach Nicolai, 2000, S. 209, der diese Anekdote im Ursprung Albert Szent-Gyorgi zuordnet. Übersetzung nach: http://www.fh-niederrhein.de/fb06/vogel/konstrukt/sob/sinn_c.htm

[11] Nicolai, 2000, S. 209.

[12] Stiefel, 1997, S. 261

[13] Wimmer/Nagel, 2002, S. 323.

[14] Wimmer, persönlich im Seminar, 12.1.03, bezogen auf ›Kultur‹.

Literatur

Argyris, Chris, Donald Schön (1999): Die Lernende Organisation: Grundlagen, Methode, Praxis, Stuttgart.

Betriebsverfassungsgesetz, 1972, Erster Teil: Allgemeine Vorschriften, § 5 Arbeitnehmer, Abs. (2).

Bronstein, I. N., Semendjajew, K. A.(1973): Taschenbuch der Mathematik, Zürich.

Doppler, Klaus, Christoph Lauterburg (2000, 9. Aufl.): Change Management, Frankfurt a. M.

Friedrichs, Peter, Ulrich Althauser (2001): Personalentwicklung in der Globalisierung, Neuwied.

Glasl, Friedrich (1992, 3. Aufl.): Konfliktmanagement, Bern.

Gottwald, Uwe: Die mg academy setzt auf Führungskräfteentwicklung, in: Personalwirtschaft 4/2000, S. 45 – 50.

Hegel, Georg Wilhelm Friedrich (Ausgabe 1984): Phänomenologie des Geistes, Werke Bd. 3, Frankfurt a. M.

Hinterhuber, H. H., G. Handlbauer, K. Matzler (1999): Die Personalabteilung als Strategie-Center; in: Ch. Scholz (Hrsg.): Innovative Personalorganisation, Neuwied, S. 40 – 54.

Luhmann, Niklas (1987): Soziale Systeme, Frankfurt a. M.

Luhmann, Niklas, Dirk Baecker (Hrsg.) (2002): Einführung in die Systemtheorie, Heidelberg.

Nicolai, Alexander (2000): Die Strategie-Industrie, Wiesbaden.

Nonaka, Ikujiro, Hirotaka Takeuchi (1997): Die Organisation des Wissens, Frankfurt a. M.

Organisationsforum Wirtschaftskongreß e. V. OFW (Hrsg.) (1993): Die Ressource Mensch, Wiesbaden.

Peters, Thomas, Robert Watermann (1991, 3. Aufl.): Auf der Suche nach Spitzenleistungen, München.

Prigogine, Ilya, Grégoire Nicolis (1987): Die Erforschung des Komplexen, München.

Prigogine, Ilya, Isabelle Stengers (1993, 7. Aufl.): Dialog mit der Natur, München.

Popper, Karl (2000): Vermutungen und Überlegungen, Tübingen.

Sattelberger, Thomas (1996 a, 3. Aufl.): Die lernende Organisation, Wiesbaden.

– ders. (1996b): Human Ressource Management im Umbruch, Wiesbaden.

Sattelberger, Thomas, Reinhold Weiss (Hrsg.) (1999): Humankapital schafft Shareholder Value, Köln.

Schäfer, Rainer (2001): Die Dialektik und ihre besonderen Formen in Hegels Logik, Hamburg.

Schlötter, Peter (2005): Vertraute Sprache und ihre Entdeckung, Heidelberg.

Schwarz, Gerhard (1990): Konfliktmanagement, Wiesbaden.

Simon, Fritz B. (1999, 3. Aufl.): Unterschiede die Unterschiede machen, Frankfurt a. M.

Simon, Fritz B., Christel Rech-Simon (2000, 3. Aufl.): Zirkuläres Fragen, Heidelberg.

Sparrer, Insa, Mathias Varga von Kibéd (2000): Ganz im Gegenteil, Heidelberg.

Stiefel, Rolf (1996): Strategieumsetzende Führungskräfteentwicklung im lernenden Unternehmen, Stuttgart.

– ders.: Lektionen für die Chefetage, Zeitschrift Führung + Organisation, 5. Jg. (1997), S. 260 – 263.

Terberger, Daniel (1998): Konfliktmanagement in Familienunternehmen, Diss. Nr. 2133, Uni St. Gallen, Bamberg.

Watzlawick, Paul, Janet H. Beavin, Don D. Jackson (2000, 10. Aufl.): Menschliche Kommunikation, Bern.

Weick, Karl (1995): Der Prozeß des Organisierens, Frankfurt a. M.

Wimmer, Rudolf, Reinhart Nagel (2002): Systemische Strategieentwicklung, Stuttgart.

Wolinsky, Stephen (1996, 2. Aufl.): Quantenbewußtsein, Lüchow.